工业产品设计初步

主 编 王 展
副主编 姜 霖

国防工业出版社

·北京·

内 容 简 介

本书是工业设计、产品设计专业入门级教材,主要内容包括:工业产品设计概述;工业设计的沿革与发展;优秀工业产品主要特征与设计要素;产品开发设计程序与工业设计流程;工业产品实用模型技术;工业产品常用加工工艺;现代工业设计理念;产品设计案例。

本书可作为工业设计、产品设计专业低年级学生的产品设计专业课程教材,适合没有设计经验、首次接触产品设计的学生学习,也适合对工业设计感兴趣的工程技术人员自学。

图书在版编目(CIP)数据

工业产品设计初步 / 王展主编. – – 北京:国防工业出版社,2015.12

ISBN 978 – 7 – 118 – 10738 – 8

Ⅰ. ①工… Ⅱ. ①王… Ⅲ. ①工业产品 – 产品设计 – 教材 Ⅳ. ①TB472

中国版本图书馆 CIP 数据核字(2015)第 304729 号

※

国防工业出版社 出版发行

(北京市海淀区紫竹院南路 23 号 邮政编码 100048)

天利华印刷装订有限公司印刷

新华书店经售

*

开本 787×1092 1/16 插页 1 印张 11¼ 字数 252 千字

2015 年 12 月第 1 版第 1 次印刷 印数 1—3000 册 定价 48.00 元

(本书如有印装错误,我社负责调换)

国防书店:(010)88540777 发行邮购:(010)88540776

发行传真:(010)88540755 发行业务:(010)88540717

前　言

　　本书是针对工业设计、产品设计专业低年级学生的产品设计专业入门教材，适合没有设计经验、首次接触产品设计的学生学习，也适合于对工业设计感兴趣的工程技术人员自学。在学习本书之前，学生应该已经修过如"设计概论""工业设计概论""设计表达""计算机辅助设计"等设计基础课程，对设计的概念有了初步的认识与了解，在此基础上，本书提供了一个整合知识的平台，教导学生掌握产品设计的基本方法，并通过设计案例建立比较完整的产品设计概念。

　　虽然"工业产品设计初步"是一门专业入门课程，但多年的教学经验证明，这也许是工业设计、产品设计专业最关键的一门课程，因为它具有承上启下的重要作用。承上指的是通过"工业产品设计初步"可以对此前学习过的理论课、专业基础课的内容进行总结与提升，将零散的设计知识进行汇总；启下指的是通过"工业产品设计初步"所建立起来的设计思维模式、设计流程与方法将为后续的学习奠定基础。本书主要通过介绍产品设计基本概念、流程、方法与技能，使学生初步理解工业产品设计的思维方式，掌握设计的基本方法与技能，初步形成正确的设计思维模式和设计习惯。本书尽可能采用案例说明的方式对知识点进行解释，并且由点及面充分发散，让学生能够广泛接触与产品设计相关的知识，相信对启发学习兴趣、增强学习的主动性很有帮助。

　　中国工业设计奠基人之一的柳冠中教授认为"设计是人类未来不被毁灭的第三种智慧"，作者极为赞同，甚至可以说人类文明的发展是由"设计"不断推动的。工业设计具有艺术性与技术性的双重特征，是一门综合性强、知识面广的复合型学科，又是一门与时俱进、不断变化、不断发展的学科。在工业设计发达的国家，工业设计、产品设计专业虽然是小众学科，但专业要求很高，淘汰率也很高，并不是每一个人都适合学习这个专业。作为一名工业设计师也作为一名设计教育工作者，作者多年来通过不断地学习、实践、教学，总结出一些心得与经验，并积累了大量的案例，本书的编写就是在此基础上完成的，希望本书对工业产品设计的初学者有所帮助。需要说明的是，作者希望以一个设计师的视角编写这本书，使之更接近实际工作的状态，因此逻辑性可能未必有类似的教材那么强，但作者认为"产品设计"是一个极具内涵的概念，影响设计的因素很多，包括背景、文化、管理、策划、市场等，最终的产品实物只是一个结果，因此在初步进入产品设计专业学习的时候更应该通过各个方面的信息构建产品的整体概念，培养对产品的浓厚兴趣，掌握一定的设计方法，这是本书编写的主要宗旨。炫酷的概念设计、专业方向的设计研究不在本教材涉及的范围内。

　　本书第1~5章、第7章由王展编写，第6、8章由姜霖编写，全书由王展统稿。本书在编写过程中得到了南京理工大学设计艺术与传媒学院李亚军教授、姜斌副教授的悉心指导与帮助，在此表示感谢。

　　由于作者水平有限，本书存在一些不足之处，恳请广大师生和专家、读者不吝赐教。

王展

2015年11月

目　　录

第1章
工业产品设计概述

1.1 工业产品设计的概念

1.1.1 对"设计"的理解

设计活动自古就有。在漫长的发展过程中,人类逐渐学会改造、制造和使用各种工具,这成为人类区别于其他生物的一种本质表现。在改造自然的过程中,人类设计、使用工具的能力也在逐步提升,不仅要考虑产品使用过程中的安全性、舒适性、易操作性,甚至还要考虑使用者在精神方面的诉求。在不同生产力水平下,产品的种类、性能、质量也有所不同,并且随着时代的发展、生产力水平的提升而变化。从石器时代、青铜器时代到铁器时代,再从农业时代到手工业时代,人类制造产品的数量、质量、复杂程度都呈现缓慢上升的态势。自从进入机器工业时代,人类发展步伐更是一日千里。加利福尼亚大学教授 J. Bradford DeLong 的研究数据表明:人类前250 万年所创造的财富,只占人类总财富的 3%;而工业革命以来 250 年所创造的财富,则达到97%。因为产品只有进入市场,形成流通和消费才能完成其使命,所以产品也具有商品的属性,是大规模的工业产品制造与激烈的市场竞争孕育了大量的设计需求。

近现代设计大体可分为三个发展阶段。第一阶段是传统设计,主要满足人们的物质需求;第二阶段是现代设计,强调满足人们的个性化和多样化需求;第三阶段是先进设计,以满足人们的物质、精神需求和生态环保要求为目标,追求个人、社会、人与自然的和谐、协调可持续发展。随着文明的进步,人们的消费观念、文化理念、生活与生产方式随之改变,设计从注重对技术、材料的利用和功能的优化,上升为对美的追求,人性化、个性化、多样化的用户体验以及对人文道德、生态环境的关怀。

工业设计是工业化大生产对设计需求的直接反映。随着工业化进程的不断推进,设计活动逐渐开始细分,产品设计领域逐渐演化为解决物与物之间关系的工程设计和解决人与物之间关系的工业设计。前者如电子电路设计、机械机构设计、智能芯片设计,主要解决产品的性能、功能问题;后者如造型设计、色彩设计、材质设计、界面设计、安全设计、人机设计、美学、成本及使用方式等,主要解决人们使用产品的问题。现代社会丰富多样的工业产品层出不穷,人们对产品设计的关注不再局限于图案、装饰和包装,已逐渐转向对产品造型、材质、结构、功能、美学、环保等方面的和谐统一,由纯粹对产品功能的需求转向生理、心理的需求。

工业设计逐步发展为一门综合性的应用学科,它以产品设计为核心,融入科学与艺术,是人性化的设计理念和生产实践的结合,以保护环境、提高人类生存质量为宗旨,去引领新的生活方式。正如中国工业设计界的先导之一,清华大学柳冠中教授多年来所倡导的那样:设计是无言的服务、无声的命令,应该用设计引导人们健康合理的生活方式。2014 年 1 月 22 日,国务院总理李克强主持召开国务院常务会议,部署推进文化创意和设计服务与相关产业融合发展。这说明以设计创新扩大市场需求,引导消费升级,推动制造业转型升级,塑造我国制造业新的竞争优势已经成为国家层面的战略。

设计在汉语中最基本的词义是设想与计划。"设计"一词在英文中的表述为"design",来源于拉丁语"designare(动词)或 design(名词)",其基本含义为"将计划表现为符号,在一定的意图前提下进行归纳"。从实际活动来描述,设计则是一种由图画开始而导向物品的活动。具体内涵可以引用德国乌尔姆造型学院教师利特的话对"设计"一词进行综合的定义:"设计是包含规划的行动,是为了控制它的结果。它是很艰难的智力工作,并且要求谨慎的博闻广见的决策。它不总是把外形摆在优先地位,而是把与之有关的各个方面后果结合起来考虑,包括制造和人使用操作的适应性,而且还要考虑经济、社会、文化效果。"

1.1.2 对"工业产品设计"的理解

工业产品设计一般称为工业设计(Industrial Design),指以工学、美学、经济学为基础对工业产品进行设计。工业设计作为一种正式的职业出现并得到社会的承认是在两次世界大战之间,尽管第一代职业设计师专业背景不同,但他们都是在激烈的商业竞争中跻身于设计界的。工业设计起源于包豪斯(Bauhaus,1919 年 4 月—1933 年 7 月),"包豪斯"是德国魏玛市"公立包豪斯学校"(Staatliches Bauhaus)的简称,后改称"设计学院",习惯上仍沿称"包豪斯"。在东、西德统一后,位于魏玛的设计学院更名为"魏玛包豪斯大学",它的成立标志着现代设计的诞生,对世界现代设计的发展产生了深远的影响,包豪斯也是世界上第一所完全为发展现代设计教育而建立的学院。"包豪斯"一词是学院创始人格罗披乌斯生造出来的,是德语 Bauhaus 的译音,由德语 Hausbau(房屋建筑)一词倒置而成。1933 年包豪斯被希特勒政府关闭,为避免遭到迫害,很多包豪斯教员与学生辗转来到美国,彼时的美国商业氛围浓厚,产品市场竞争激烈,工业设计迎来了绝佳的发展时机,因此可以说工业设计教育起源于欧洲而发展于美国。第二次世界大战以后,世界秩序逐渐恢复,欧亚各国工业化进程发展迅速,各国政府对工业设计的重视也与日俱增,并根据各自发展需求制定了相应的设计策略。例如,美国前总统克林顿入主白宫之初便邀请二十多位工业设计师及策划专家组成智囊团讨论围绕设计如何巩固国家经济地位;1997 年,英国前首相布莱尔上任不久就制定了激励设计产业的政策,认为英国的设计产业对经济发展非常重要,曾在 19 世纪被誉为"世界工厂"的英国期望成为 21 世纪的"世界设计工作室";日本在第二次世界大战后把设计作为国策之一,从政治、经济、文化、国家建设一系列重大问题上引入"设计先导"的理念,强化设计教育,提倡创造学,在 20 世纪 60 年代就提出"工业设计立国",把领先一步的工业设计当作经济高速增长的要诀之一;韩国借 1988 年的汉城奥运会提出"设计立国"口号,经过二十多年的发展,目前在许多领域中的水平已接近或超越日本;在中国,工业设计方兴未艾,近 30 年来呈现明显加速成长态势,令人振奋的是,目前我国从政府到企业,对工业设计的认知深度和重视程度与日俱增,已经在工业设计领域奋起直追,与国际一流企业的差距在不断缩小,并涌现出一大批工业设计先进企业,如中兴、华为、联想、海尔、小米等。

各个国家尤其是发达国家对工业设计尤其重视,不少政界、商界与科学界的领袖级人物对工业设计的地位与内涵都有独到的解读。

"可以没有政府,但不能没有工业设计。"——英国前首相撒切尔夫人(图 1 - 1)

"产品设计代表着个性,造型和色彩是对生活的一种感受的表达,那些认可独特性并将之融入企业战略的人,必将是明天的胜利者。今天的设计主要是让人们更容易使用越来越复杂的产品,让技术和信息更容易成为生活的一部分。作为用户与产品之间的桥梁,设计成了这个社会的重要先锋。"——德国前总理格哈德·施罗德(图 1 - 2)

图 1 - 1

图 1 - 2

传统工业设计的核心是产品设计,伴随着历史的发展,设计内涵的发展也趋于更加广泛和深入。人类社会的发展已进入了现代工业社会,设计所带来的物质成就及其对人类生存状态、生活方式的影响是过去任何时代所无法比拟的,现代工业设计的概念也由此应运而生。现代工业设计可分为广义的工业设计和狭义的工业设计两个层次。

广义工业设计是指为了达到某一特定目的,从构思到建立一个切实可行的实施方案,并且用明确的手段表现出来的系列行为。它包含了一切使用现代化手段进行生产和服务的设计过程。

狭义工业设计单指产品设计,即针对人与自然的关联所产生的对工具装备的需求所作的响应,包括为了生存与生活得以维持与发展所需的诸如工具、器械、装备所进行的设计。产品设计的核心是产品对使用者的身心具有良好的亲和性与匹配度。

对于工业设计,不同的设计组织、机构给出的定义不尽相同,虽然描述各有所异,但其实质是一致的,其中具有代表性的描述如下:

国际工业设计协会理事会(International Council of Societies of Industrial Design,ICSID):工业设计是一种创造性的活动,其目的是为物品、过程、服务以及它们在整个生命周期中构成的系统建立起多方面的品质。

美国工业设计协会(Industrial Designers Society of AmericaI,DSA):工业设计是一项专门的服务性工作,为使用者和生产者双方的利益而对产品和产品系列的外形、功能和使用价值进行优选。

1.1.3 工业产品设计的意义

据日本的相关调查显示,在开发差异化产品、打造国际品牌产品、提高产品附加值、提高市场占有率、创造明星企业等方面,工业设计的作用占到 70% 以上。例如,新百伦(NEW BAL-

ANCE)公司的一双运动鞋可以拥有十几项专利,设计体现无处不在:既要考虑流体力学,又要涉及空气动力学以及人体工学,不仅穿着舒适,还可以在其官网通过在线配色系统订制(图1-3),对颜色的搭配可以自主设计,甚至可以绣上自己的名字,这就是设计的创新。再比如苹果公司在各个产品线如iPod、iPhone、iMac等产品的设计中,追求极致简约的工业设计理念并受到人们空前的欢迎,工业设计对于苹果产品形象的建立和推广功不可没。当今世界,企业只有生产那些既能满足人们物质需求又能满足人们精神文化需求的商品,才能赢得市场先机,收获更好的经济效益。因此,通过工业设计的创新,将赋予产品和服务更丰富的物质和文化内涵,满足和引领市场需求并创造价值,进而为提升国家产业竞争力和可持续发展能力做出贡献。

图1-3

今天的工业设计伴随着信息技术的发展,步入了又一个新的春天,使得人类的梦想和能力得到空前的实现和延伸,其内涵不断被拓展,这些具体表现在产品的功能、外观、品质、安全、环保、品牌、亲和力等方面。世界各大企业都依据自身特点,制定了指导企业设计活动的方针政策。随着企业的发展,经过精心设计的产品在人们心中逐渐树立鲜明的产品形象,形成各具特色的"设计文化",如宝马、奔驰、联想、波音、华为、玛莎拉蒂,一提到这些品牌,其产品形象就自动浮现在人们的脑海中。德国布劳恩公司(世界著名的集产品设计、开发、生产、销售于一体的家用电器制造商)曾经以"什么是优秀的设计"为题,发表了十点主张,高度概括了工业产品设计的基本内涵,即:

(1)优秀的设计是创造一种新的活动行为规则,而不是单纯从原来的造型中加入变化。

(2)优秀的设计努力使产品成为消费者的朋友。只有当产品能使消费者的种种要求得到满足时,才能被认为是一种好的设计。然而在赋予产品种种功能时,我们必须从消费者的立场出发,了解他们的要求。过去纯粹从功能主义出发的设计方法,缺乏与消费者在精神上的沟通。

(3)优秀的设计是一种美的设计。在产品中永远保持均匀感、稳定感与简练的美感是布劳恩产品的重要特征。

(4)优秀的设计能使产品变得容易接受。通过设计将产品的用途、用法、效果及公共价值准确无误地告诉消费者。所有且有新功能、新规定的产品必须具有通俗易懂的操作说明书。

（5）优秀的设计是谨慎的设计。产品不同于艺术品，艺术品只是与消费者在精神上发生关系，而产品与消费者会在较长一段时期内发生直接接触，因此必须进行谨慎设计，给消费者在使用产品时留有自我表现的余地。

（6）优秀的设计是正直的设计。利用设计使产品提高价格，但没有实质性革新是对消费者不负责任的行为。

（7）优秀的设计能够保证产品在较长时间内具有生命力。设计在延长产品寿命方面的贡献将直接关系到自然资源的有效利用。

（8）优秀的设计无论从哪方面观察都是极其完整的，尤其是作为产品细节的造型与功能，其重要性不能忽视。

（9）优秀的设计是环境保护的有力武器。从节约原料、能源等方面考虑固然十分重要，但防止视觉和环境的污染也是保证人类合理生活的重要方面。

（10）优秀的设计应突出产品的重要功能而排除其非重要部分，使消费者能回归到简洁的生活之中。

工业设计的创新，不仅满足人类的物质需求，还能创造和引领人类的精神需求，创造美好生活，促进社会文明和谐，吸收融合世界各民族的智慧和优秀文化，对人类工业文明、社会文明、知识文明的繁荣进步做出贡献。

1.2　工业产品设计的主要对象与发展趋势

1.2.1　工业产品设计的主要对象

由于各个国家和地区发展阶段的不同以及产业结构的差异致使设计发展的水平不同，故而对工业设计定义的范畴和设计类别也有所不同。前面已经谈到，广义的工业设计包括产品设计、系统设计、服务设计、交互设计等；而狭义的工业设计就是指工业产品设计。例如，英国的工业设计包含了平面设计、染织服装设计、机械产品设计、室内设计、家具设计等，涉及内容相当广泛；美国则把所有关于人和物品发生联系的设计都称为工业设计；而德国工业设计的内涵比较纯粹，主要指产品设计。

在实际工业产品设计实践中，主要是对产品本身进行设计，其中包含产品的造型设计、材质设计、色彩设计、人机设计、界面设计、功能设计、结构机构设计等方面，涉及的产品种类几乎涵盖了所有的生活产品、工业产品甚至军工产品，归纳起来主要包括生活用品类、商业服务业用品类、工业和机械设备类、交通运输工具类、专业型仪器设备等几大类别。

1. 生活用品类

生活用品主要指那些在人们日常生活中帮助人们进行生活与学习的消费产品，如家用电器、餐具、厨具、卫生用具、清洁用具、个人计算机、办公用品等（图 1-4~图 1-11）。生活用品与人们的日常生活息息相关，为人们的日常生活提供了极大的便利。但生活用品市场是一个庞大而成熟的市场，产品技术门槛较低，竞争相当激烈，所以特别需要工业设计进行形式与功能的创新以吸引消费者。

图 1－4

图 1－5

图 1－6

图 1－7

图 1－8

图 1－9

图 1－10

图 1－11

2. 商业服务业用品类

商业服务业用品主要指人们在商业或服务领域使用的专用设备,如金融机具、各类自助设备等。商业服务业用品的采购者通常是企事业单位等大型机构,而服务的对象也包括专业型用户与非专业型用户,因此对产品的工业设计在人机设计、可靠性设计、交互界面设计等方面的需求尤为突出。常见的设备有 ATM(图 1－12)、收银机(图 1－13)、地铁闸机(图 1－14 北京品尚格工业设计公司设计)等。

图 1－12

图 1 - 13

图 1 - 14

3. 工业和机械设备类

工业和机械设备主要指在工业生产、加工或在建筑、工程领域需要用到的专用设备,如各类机床、农用机械、工程机械等,用于帮助人们减少劳动负荷与工作时间,提升工作效率。由于工业和机械类设备的专业性较强,所以要求该类设备的工业设计主要从突出产品特点、优化产品视觉效果出发,提升产品的形象与品质感,如大型工程机械(图 1 - 15 美国卡特工程机械)、手持电动工具(图 1 - 16 德国博世 BOSCH,图 1 - 17 美国得伟 DeWalt)、发电设备(图 1 - 18 日本雅马哈)等。

图 1 - 15

图 1 - 16

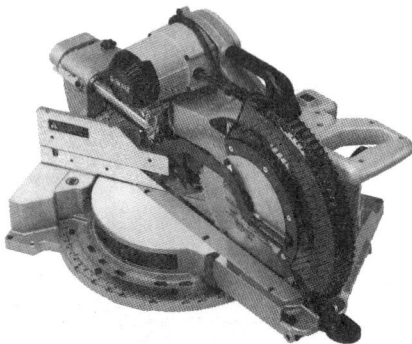

图 1 - 17

图 1 - 18

4. 交通运输工具类

交通运输工具主要指帮助人们出行的代步工具,包括自行车、摩托车、汽车(图 1 - 19 本田跑车设计)、船舶(图 1 – 20 宝马设计的游艇)、火车、地铁、飞机(图 1 – 21 商用飞机设计)等。由于不同的交通工具差异性比较大,设计方法与角度也不相同,例如,自行车、摩托车(图 1 – 22 雅马哈摩托车设计)主要以外观造型设计为主,而其他大型交通工具的工业设计包括了外观造型与内饰设计两个方面。

图 1 – 19

图 1 – 20

图 1 – 21

图 1 – 22

5. 专业型仪器设备类

不同的工作类型需要用到不同的专业仪器,如各种医疗设备(图 1 – 23 核磁共振仪)、网络设备(图 1 – 24 SGI 服务器)、专用检测检验仪器(图 1 – 25,图 1 – 26 北京尚品格工业设计公司设计的金属探测器)等,这类设备专用性比较强,在工业设计中需要对涉及产品的材料、工艺、结构有充分的认知与考虑。

图 1 – 23

图 1 – 24

图 1 – 25

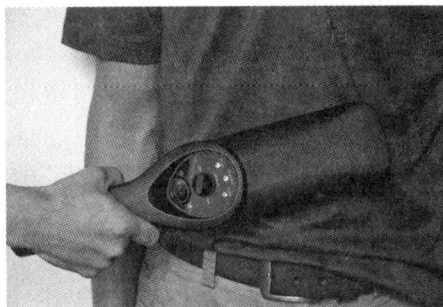

图 1 – 26

上述产品的范围分类并不是绝对的,同一产品有时可能属于不同范围,而工作性产品与生活性产品有时也混同为一个范围,例如,计算机用于办公室时是工作产品,用于家庭学习娱乐时就成了生活性产品。

1.2.2 工业产品设计的发展趋势

1. 从产品的设计到服务设计的转变

现在市场的产品竞争非常激烈,产品的推陈出新成了各个企业抢占市场的主要手段。而人们对合理的工作、生活方式的追求,要求产品创新不能仅仅停留在技术层面,应该结合人们现有的工作、生活理念,结合潜在需求趋势进行研究。服务设计是近年来在工业设计领域研究的热点之一,是新经济、社会环境下的产物。在后工业时代,人、物、环境、社会已经形成了一个有机的整体系统,传统的以产品为核心的工业设计模式已经不能满足这样一个复杂系统的需求,因此将服务设计的理念融入工业设计领域成为一种必然。

2008 年,国际设计研究协会(Board of International Research in Design)给服务设计下的定义是:"服务设计从客户的角度来设置服务,其目的是确保服务界面:从用户的角度来讲,有用、可用以及好用;从服务提供者来讲,有效、高效以及与众不同。"由"产品是利润来源""服务是为销售产品"转变为"产品(包括物质产品和非物质产品)是提供服务的平台""服务是获取利润的主要来源"。随着人们对体验的需求逐渐增强,人与产品(服务)之间不再是冰冷的、无情感的使用与被使用的关系,取而代之的是更加和谐和自然的情感关系。从设计的目的来看,服务设计可以分为商业服务设计和公共服务设计,前者偏向于为商业应用提供设计策划,后者偏向于为社会公共服务提供设计策略。

2. 从功能设计到情感设计的转变

信息时代的到来给人们的工作和生活带来了便利,同时也带来了许多现实问题,如人的孤独感、失落感、生活压力的增大,环境的问题等。这些问题从侧面说明人们在享受科技发展的便利时也不可避免地承受其带来的负面影响。在新的历史阶段,人们追求的是人、机、环境的和谐共存,这就要求设计师们在设计产品时不仅要考虑到产品的功能需求,还要考虑到产品的情感语言能否满足人们的情感诉求。所以,使消费者能从产品的功能设计中得到充分满足,从形式设计中找到心理上的共鸣并产生喜欢、愉悦的情感,这才是真正好的产品设计。诺贝尔奖获得者物理学家李政道曾经说过,"科学和艺术的关系是智慧和情感的二元性密切相联系的"。艺术和科学的共同基础是人类的创造力,它们追求的目标都是真理的普遍性。因此,工业设计与生俱来的艺术气息恰好是唤起每个人的意识或潜意识中深藏着的、已经存在情感的最好媒介。

3. 从整体设计到细节设计的转变

中国道家创始人老子有句名言:"天下难事,必做于易;天下大事,必做于细",它精辟地指出了想成就一番事业,必须从简单的事情做起,从细微之处入手。生活的一切原本都是由细节构成的,如果一切归于有序,那么决定成败的必将是微若沙砾的细节,而细节的竞争才是最终和最高层面的竞争。如今,我们正处于"细节"的时代,产品、服务、管理等微小的细节差异有时放大到整个市场上会变成巨大的占有率差别。一个公司在产品、服务和管理上有某种细节上的改进,也许只给用户增加了1%的方便,然而在市场占有的比例上,这1%的细节会引出几倍的市场差别。原因很简单,当用户对两个产品做比较时,相同的功能都被抵消了,对决策起作用的就是那1%的细节。对于用户的购买选择来讲,是1%的细节优势决定那100%的购买行为。因此这样微小的细节差距往往是市场占有率的决定因素。20世纪世界最伟大的建筑师之一密斯·凡·德罗,在被要求用一句话来描述他成功的原因时,他只说了一句话:"魔鬼藏在细节中",他反复地强调如果对细节的把握不到位,无论你的建筑设计方案如何恢弘大气,都不能称为成功的作品。可见对细节的作用和重要性的认识,是古已有之,中外共见的。

我国著名作家秦牧在杂文《最后的晚餐中》写道:"我想,没有精彩的细部就很难有卓越的整体。"产品设计也是同样的道理,可以对产品细节设计作一个定义:"产品细节设计就是对产品局部的造型元素包括形态、色彩、材质等进行深入细致的发掘,并且能够合理地将这些造型元素进行整合,满足产品设计的需求,令产品设计更加精细和完美。"产品的同质化意味着同类产品在设计形态、功能、品质上趋于一致,在品牌繁多的同类产品当中,消费者往往会选择那些工艺更加细腻,细节设计更加优美、和谐的产品,产品细节设计处理得出色往往会增加消费者的印象分,产品自然更具有市场竞争力。而细节处理具有特色的产品,也能够在商品细分市场有出色的表现。

细节决定成败,细节的竞争才是最高层面的竞争。产品的细节设计体现在设计的外在、内在两个方面。设计的外在体现是指对产品本身的直观理解,也就是产品的功能体现;内在体现是指产品衍生的隐性内容,涉及设计心理、人机关系、人文等各方面因素的体现。而且细节设计主要是要满足消费者内心对产品品质、质感追求的需要。因此,在市场上品类繁多的同类产品中消费者会更倾向于选择造型更优美、设计更细腻的产品。

4. 从产品设计到文化设计的转变

人们对于产品的关注,不再仅仅是对产品本身,产品所承载的文化内涵也成为人们越来越关注的重要内容,这也从侧面反映了人们需求心理的变化。它不仅仅是产品并且已经成为融入人们生活的一部分。工业产品设计从某一个角度来看是一种推动文化发展的手段,利于文化价值的发掘、文化内涵的设计创新,还可以降低人们对于产品功能、价格等要素的敏感程度。文化主要包含三个层面:①物质文化,即与衣食住行有关的事物;②社群文化,包括人际关系和社会组织;③精神文化,包括艺术和宗教等方面。而产品文化,是对产品本身所蕴含的文化因素加以重新审视与省思,并运用设计寻求其文化因素新的现代面貌,同时探求产品使用过程中对人们精神层面的满足。当全球消费市场的产品,因相似的功能与形式而逐渐失去识别性的时候,呈现文化特色的产品变得越来越重要。产品文化设计有四个要素:文化功能要素、文化情调要素、文化心理要素、文化精神要素。

(1)文化功能是产品文化设计的核心要素,产品文化设计的主要目的在于赋予产品一定的文化功能。产品的文化功能决定了产品的文化来源和文化形态。不同的文化功能对产品文化设计的要求是不一样的。但不论什么产品,其操作速度、操作力、操作频率等都要符合人体运动的力学条件,各类显示件要符合接受信息量的要求,使产品与人的生理特征相协调,令用户获得安全、方便、舒适的体验。而成功的产品则应当集实用功能、审美功能和文化功能于一体。例如,按键设计满足"轻轻一按就能实现自己愿望"的文化诉求,易拉罐设计满足"便携、开罐快捷"的文化诉求。

(2) 文化情调是最感性而直观的要素,是文化设计的切入点。情调就是通过不同的物质材料和工艺手段所构成的点、线、面、体、空间、色彩等要素,构成对比、节奏、韵律等形式美,以及由此形式美所体现出的某种并不具体、但却实际存在的朦胧的情思,表现出产品特定的文化氛围。尤其在高度市场化和高科技浪潮的迅猛发展,引起了人们生活方式剧烈变化的背景下文化情调尤为重要。正如美国著名未来学家奈斯比特所说:"每当一种新技术被引进社会,人类必然产生一种要加以平衡的反应,也就是说产生一种高情感,否则新技术就会遭到排斥。技术越高,情感反应也就越强烈。"作为与高技术相抗衡的高情感需要,在消费领域中直接表现为消费者的感性消费趋向。消费者所看重的已不只是产品的数量和质量,而是与自己关系的密切程度。他们购买商品是为了满足一种情感上的渴求,或是追求某种特定商品与理想的自我概念的吻合。在感性消费需要的驱动下,消费者购买的商品并不是非买不可的生活必需品,而是一种能与其心理需求产生共鸣的感性商品。因此,所谓感性消费,实质上是人类高情感需要的体现,是现代消费者更加注重精神的愉悦、个性的实现和感情的满足等高层次需要的突出反映。

(3) 文化心理指一定的人群在一定的历史条件下形成的共同的文化意识。产品的设计要充分考虑人们的文化心理,使产品的形态、色彩、质感产生悦人的效果,而不能给人以陈旧、单调、乏味的感觉,更不能因违背习俗而招致忌讳。如冰箱的颜色多为白色和豆绿色,是因为白色意味着洁净、卫生,而绿色象征着生命,它们暗示着冰箱中的食品是可食的,对身体是有益的。如果设计成黑色,会有一种从坟墓中取食的恐怖感。法国人曾设计一款桔黄色的冰箱,外观酷似棺材,结果一台也没卖出去。可见,设计者对文化心理的把握常常决定着设计的成败。

(4) 文化精神是一个民族或一个时代最内在、最本质和最具生命力的特征,同时也是最有表现力的特征。文化精神是产品文化的总纲,文化情调、文化功能和文化心理都取决于文化精神。一方面,产品设计要体现民族文化精神。产品设计必然受到民族传统和民族风格的影响,各民族独特的政治、经济、法律、宗教及其思维方式,可以通过产品表现出来。例如,德国的理性、日本的小巧、美国的豪华、法国的浪漫、英国的矜持与传统,无不体现在他们的产品设计之中。另一方面,产品设计要体现时代的文化精神。例如,绿色设计是随可持续发展思想的提出而于20世纪90年代兴起的现代设计技术,是产品设计的未来潮流,它反映了人类对环境恶化和资源枯竭的万分忧虑。再如,德国宝马汽车公司,该公司生产的所有汽车,从设计到回收都考虑到它对环境的影响,并最大限度地确保环境安全,而且产品从设计、生产、使用到最后处理的整个生命周期,都选择有利于环保和可回收的材料,产品的回收率接近70%。

1.3　成为合格工业设计师的必要条件

1.3.1　工业产品设计师必备的技能

不可否认的是,想要成为一名合格的工业设计师,先天的资质与后天的培养缺一不可。所谓"先天的资质"指的是对于设计的爱好、对美的洞察能力、一定的手绘表达能力(如绘画)以及创新的思维等。"后天的培养"主要指在工业产品设计专业学习阶段,根据产品设计的流程进行分阶段的专项训练以达到培养目标。作为产品设计的初学者至少应当学习并掌握以下五种能力:

(1)欣赏能力。生活中不乏优秀的设计,而是缺乏发现优秀设计的眼睛。能够欣赏好的设计、发现优秀产品设计的精妙之处并尝试领悟设计者的想法是每个工业设计师最基本的能力。

(2)思考能力。工业产品设计师要能够全面、自主地考虑如何将设计项目做出特色和创新,如何解决设计过程中遇到的种种问题,包括设计和非设计的问题。

(3)动手能力。动手能力包括手绘表达能力、计算机辅助设计能力、模型制作能力,这三项技能相辅相成,不仅能够进行有效的设计表达,还能够间接提升设计的水平。

(4)语言能力。设计作品方案的交流与推广都离不开语言,设计不仅需要用形象生动的展示来呈现,更需要用准确、简练、生动富有感染力的语言来描述,以打动客户及消费者。一个优秀的设计师也一定是一个优秀的讲述者。

(5)总结能力。"失败是成功之母"对应的是"总结是成功之父",对设计活动来说尤其如此,通过对一次次设计练习、设计项目的经验总结,不仅能够不断改进设计思维、汲取教训并避免再犯同样的错误,而且可以形成设计师特有的设计风格和设计方法,彰显个性。

1998年9月,澳大利亚工业设计顾问委员会就堪培拉大学工业设计系进行的一项调查指出,工业设计专业毕业生应具备以下十项技能:

(1)应有优秀的草图和徒手作画的能力(图1-27,图1-28)。作为设计者,下笔应快而流畅,而不是缓慢迟滞。这里并不要求精细的描画,但迅速地勾出轮廓并稍事渲染是必要的,关键是要快而不拘谨。

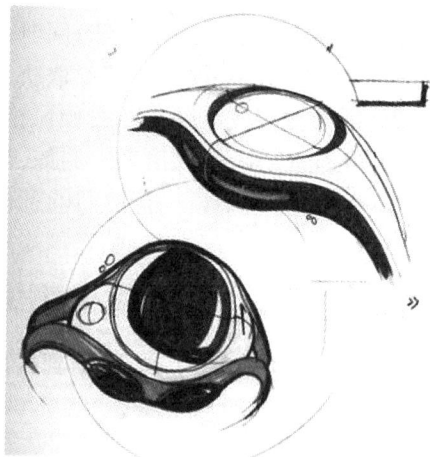

图1-27

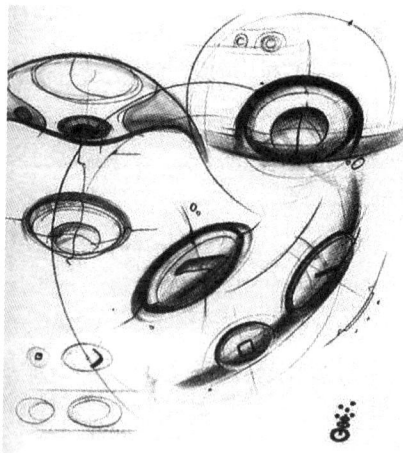

图1-28

(2)有很好的制作模型的技术(图1-29)。能用泡沫塑料、石膏、树脂、MDF板(中高密度纤维板)等塑型,并了解用三维打印、硅胶翻模等快速模型的技巧。

(3)必须掌握一种矢量绘图软件(如Coreldraw、Illustrator)和一种像素绘图软件(如Photo-shop)(图1-30)。

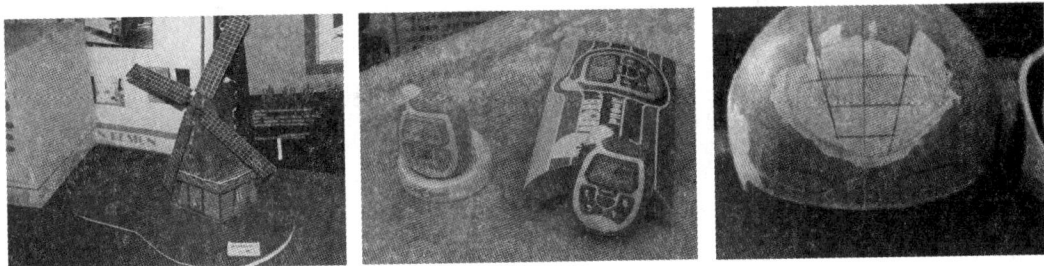

图 1 - 29

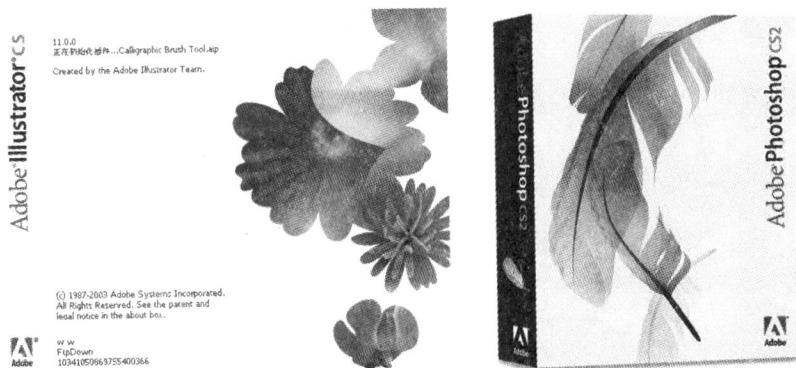

图 1 - 30

（4）至少能够使用一种三维造型软件（图 1 - 31 ~ 图 1 - 33），高级一些的如 Pro/E、Alias、Catia、UG，或层次较低些的如 SolidWorks、Rhino、3D Studio Max 等。

图 1 - 31

图 1 - 32

图 1 - 33

（5）二维绘图方面能够使用 Auto CAD（图 1 - 34）。

（6）能够独当一面，具有优秀的表达能力及与人交往的技巧（能站在客户的角度看待问题和理解概念），具备撰写设计报告的能力（在设计细节进行探讨并记录设计方案的决策过程），有制造业方面的工作经验则更好。

（7）在形态方面具有很好的鉴赏力，对正负空间的架构有敏锐的感受能力。

（8）拿出的设计图样从流畅的草图到细致的刻画再到三维渲染一应俱全（图 1 - 35）。至少具有细节完备、公差尺寸精细的图稿和制作精良的模型照片。

图 1 - 34

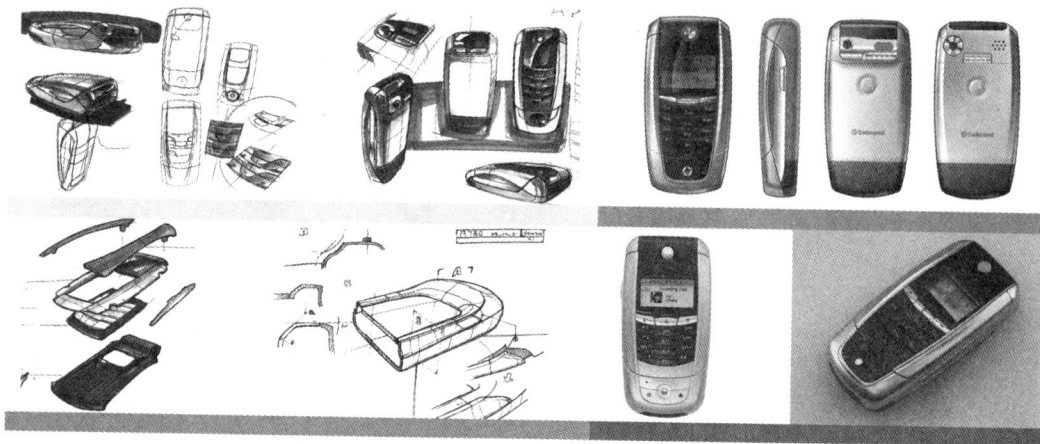

图 1 - 35

（9）对产品从设计制造到走向市场的全过程应有足够的了解，如果能在工业制造技术方面懂得更多则更好。

（10）在设计流程的时间安排上要十分精确。三维渲染、制模、精细图样的绘制等应规定明确的时段。

1.3.2 工业产品设计师的自我认识与定位

1. 工业产品设计师的知识结构

有人将工业产品设计师的知识结构和专业属性进行了如下分析，并用百分比表示：

（1）30%的科学家（要了解科学技术的发展）。技术的进步带来了工业的变革与发展，也深刻地影响了工业设计的发展。如触屏技术的应用，手机造型工业设计的比例越来越小，而界面设计的比例越来越高。

（2）30%的艺术家（要具备良好的审美能力）。由于跟美学关系紧密，所以良好的审美能力能够帮助理解优秀的设计作品，从中汲取设计灵感，把握设计的潮流与方向。

（3）10%的诗人（要有创造的激情）。设计的本质就是创造，创造需要激情，如同诗人作诗那样富有激情和感染力。

（4）10%的商人（要了解商业的需要）。工业产品设计实质是商业社会的产物,产品的商业化冲动孕育了不断发展的设计需求,了解产品在商业社会的流通过程就可以清楚地认知工业设计在产品研发及流通过程中的地位以及对产品附加值的贡献。

（5）10%的事业家（要把设计当作一生的事业）。工业设计专业有很强的挑战性,每一个新的设计课题或项目都是一个新的开始,这就需要不断学习新的知识、投入新的创意,并努力实现设计目标,没有一定的事业心是很难坚持下来的。

（6）10%的推销员（要了解用户的心理和需求）。设计的过程与设计推广的过程都需要围绕客户与用户的心理和需求开展,这就需要具备一定的推销技巧。

2. 工业产品设计师的专业方向

随着时代的变化与发展,工业产品设计也逐步细分为不同的专业方向,主要有产品造型设计、产品工程设计、产品人机设计和产品交互界面设计等。其中造型设计主要指传统意义上以产品外观造型为主的形式设计（图1-36）;工程设计主要指产品的结构、机构等功能性设计（图1-37）;人机设计主要指从系统的角度对产品进行符合人机要素的设计（图1-38）;产品交互界面设计主要指产品操作交互界面的规划与设计,如产品操作面板设计、各类显示界面设计等（图1-39）。

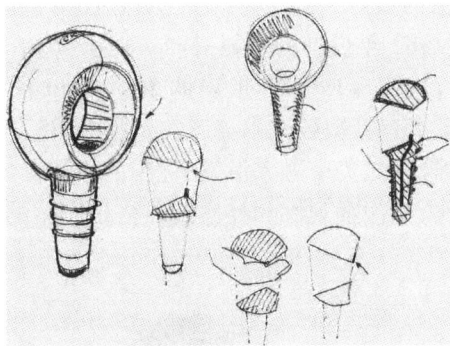

图1-36

图1-37

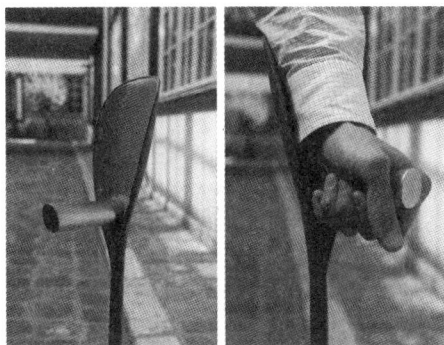

图1-38

图1-39

3. 工业产品设计师的职业生涯

（1）驻厂设计师。事实上大多数产品设计师主要在企业的设计部门,以团队的形式针对企业生产的产品进行设计工作,或是以产品设计负责人身份对所负责的产品进行工业设计,从产品设计立项到设计再到加工与生产进行全程跟踪。由于企业有固定的薪资,同时所负责的产品相对单一,因此职业压力相对较小,但由于长期从事同一类产品的设计,设计思路常常会受到局限。

（2）职业设计师。随着国家、企业对产品工业设计越来越重视,越来越多的设计师选择进入专业设计机构工作。设计师通常独自承担设计项目的所有过程,从客户沟通到供应商选择,甚至包括前期商务谈判也要参加。由于职业设计师收入主要依靠项目提成,而不同项目本身差异性也比较大,因此对设计师个人在沟通、项目管理方面能力的要求比较高。但由于长期接触不同类型的产品且与产品生产紧密联系,因此设计思路往往比较开阔。

（3）自由设计师。这类设计师往往以个人设计工作室的形式存在,设计师本人在设计领域需要有一定的知名度和足够的社会影响力。例如,法国著名设计师飞利浦·斯塔克、意大利设计师乔治亚罗均成立了自己的设计工作室。

4. 当今有影响力的工业设计师

1）菲力浦·斯塔克(Philip Stark)

法国设计师菲力浦·斯塔克(图1-40,图1-41)是20世纪末西方最有影响的设计师之一,同时也是一个发明家、思想家。他的作品涵盖了产品设计、建筑设计、室内设计等众多领域。

斯塔克所涉及的设计范围包括建筑、家具、室内设计、摩托车、榨汁机、过滤器甚至门把手、花瓶等细微的家居产品。成功的经典之作包括:1982年设计的三腿Coates椅子;1988年为纽约的Royalton饭店所做的优雅而华丽的室内设计;1990~1991年推出的Juicy Salit柠檬榨汁机(图1-42),这是一款创意极为新颖,造型看起来富有雕塑般艺术美感的作品;1995年为Aprilia设计的MOTO6.5摩托车(图1-43)则在诱人的野性之美中融入浪漫、优雅的格调。如今,斯塔克的设计思路已从以前的时尚趋向于恒久的经典,认为客观性和朴实的风格是产品设计中不可或缺的整体。

图1-40

图1-41

2）迪特·拉姆斯(Dieter Rams)

迪特·拉姆斯(图1-44)于1932年5月20日出生于德国的威斯巴登。1955年,他成为1921年建立的布劳恩公司的一位建筑师和室内设计师,1956年开始为他们设计产品。1961年,他成为布劳恩公司产品设计和发展部门的领导。拉姆斯曾经阐述他的设计理念是"少,却更好"(Less,but better),与现代主义建筑大师密司·凡·得罗的名言"少即是多"(Less is more)有异曲同工之妙。他与他的设计团队为百灵设计出许多经典产品,包括著名的留声机SK

-4 和高品质的 D 系列幻灯片投影机 D45、D46,也为家具制造商 Vitsoe 设计了 606 万用置物柜系统。

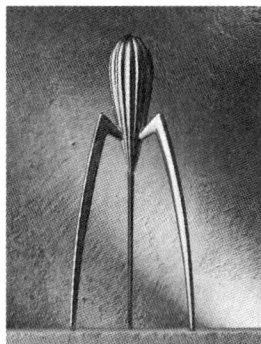

图 1 - 42

图 1 - 43

他的许多设计,如咖啡机(图 1 -45)、计算机、收音机(图 1 -46)、视听设备(图 1 -47)、家电产品与办公产品,都成为世界各地博物馆(包括纽约的现代艺术博物馆)的永久藏品。迪特·拉姆斯领导百灵的设计部门将近 30 年,直到 1998 年退休。由拉姆斯提出的好的设计应具备的十项原则,至今仍然备受推崇。

图 1 - 44

图 1 - 45

图 1 - 46

图 1 - 47

3)乔纳森·伊夫(Jonathan Ive)

乔纳森·伊夫(图 1 -48)是一位工业设计师,现任苹果公司设计师兼资深副总裁,大英帝国爵士,他曾参与设计了 iPod、iMac、iPhone、iPad 等众多苹果经典产品。

17

1992年,伊夫加入了位于加利福尼亚的苹果公司,获得了辅助开发苹果笔记本电脑的机会,并由此为契机,为苹果公司设计了一系列新产品,并且逐渐成为了对苹果公司那些著名的产品最有影响力的人。《财富》杂志曾把乔纳森·伊夫评选为世界上最聪明的设计师:"每个漫步在纽约市现代艺术博物馆或巴黎蓬皮杜国家艺术中心的人,都会看到他早期的代表产品和设计稿(图1-49)。但与大多数博物馆里的创新家不同,伊夫能够将他的智慧融入设计中,并为大众所喜爱——包括他那要求严苛的老板(史蒂夫·乔布斯)。"最重要的一点还在于:乔纳森·伊夫不仅为苹果公司,而且给更广阔的现代设计界设定了方向。

图1-48

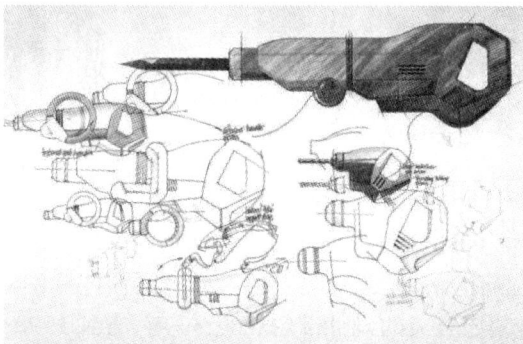

图1-49

4)深泽直人(Naoto Fukasawa)

深泽直人(图1-50),日本著名产品设计师,家用电器和日用杂物(图1-51~图1-53)设计品牌"±0"的创始人。他的设计主张是:用最少的元素(上下公差为±0)来展示产品的全部功能。深泽直人曾为多家知名公司进行过产品设计,如苹果、爱普生、日立、无印良品、NEC、耐克、日本精工株式会社、夏普、Steelcase、东芝等。其设计在欧洲和美国曾获得五十多项大奖,其中包括美国IDEA金奖、德国IF金奖、"红点"设计奖、英国D&AD金奖、日本优秀设计奖。

图1-50

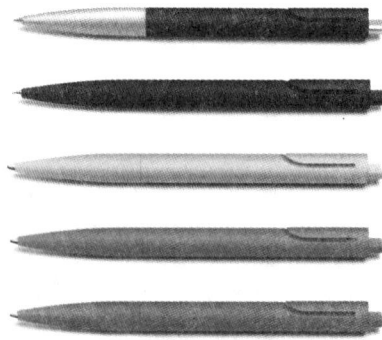

图1-51

深泽直人将自己的设计理念概括为"无意识设计"(Without Thought)。"无意识设计"又称为"直觉设计",是深泽直人首次提出的一种设计理念,即"将无意识的行动转化为可见之物"。例如,经常做饭的人一般都知道,煮米饭时放一些辅料可以使做出的米饭达到意想不到的口味,如放醋可以使煮出的米饭更加松软、香嫩,即使大部分人知道这个常识,但是因为一时疏忽仍会

18

有忘记添加辅料的时候。因此需要这样一种设计,可以使人在煮米饭时的一个无意识动作中自动添加相应辅料,这种设计就称为"无意识设计"。设计是为了满足人的一种生活需求,而非改变,设计是方便人的生活方式,而非复杂。因此,好的设计必须以人为本,注重人的生活细节,方便人的生活习惯,让设计使生活更美好。特别是在工业设计高度发达的今天,很多设计师力图否定约定俗成的设计,用自己的思想创造一种新的生活方式,这样就无形中加重了人们的"适应负担","无意识设计"并不是一种全新的设计,而是关注一些别人没有意识到的细节,把这些细节放大,注入到原有的产品中,这种改变有时比创造一种新的产品更伟大。

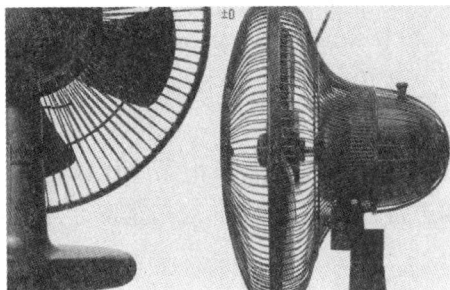

图 1-52

图 1-53

1.4　工业产品设计的学习方法

工业设计是一门知识性极强的综合型应用型专业,既要有扎实的专业知识又要有广泛的知识面,既要有理论基础又要具备实践能力,艺术的眼光也是必不可少的。因此,良好的学习习惯与方法是专业学习质量的保证。

1.4.1　广泛阅读与观察,慢慢积累

广泛的阅读是确保知识广泛的基础,尤其是阅读产品方面的杂志或是网站。同时也要经常参观各类设计方面或是专业方面的展览,开阔思维和眼界。要注意观察身边的各类产品的样式、结构、工艺和材质,那些都是非常好的研究素材。

1. 推荐书籍与杂志

《产品设计》王明旨　中国美术学院出版社

《工业设计思想基础》李乐山 中国建筑工业出版社

《产品设计材料与工艺》殷晓晨 合肥工业大学出版社

《艺术设计．产品设计》艺术与设计杂志社

《科技新时代》科技新时代杂志社

《科技生活》北京科技报社

2. 网络资源

http：//www. dolcn. com/［设计在线］

http：//www. billwang. com/［工业设计专业论坛］

1.4.2 大量手绘,用心练习

虽然形式创新只是设计创新的一部分,但却是最直观展现设计的部分。新颖的造型需要反复琢磨,手绘就是最基本的工具,能够帮助设计师不断完善设计构思、凝练造型元素。设计能力的提升与手绘关系密切,从会画图到会设计,手绘能力必不可少,手绘的过程就是设计思维发散、激荡、汇聚、抽象的过程。草图不仅应用在工业设计领域,在建筑、机械设计、大生产工艺等领域也都是必需的技术。在设计草图的画面上往往会出现文字的注释、尺寸的标定、颜色的推敲、结构的展示等,这种理解和推敲的过程是设计草图的主要功能。优秀的设计师都有很强的图面表达能力和图解思考能力。构思会稍纵即逝,所以必须有十分快速和准确的速写能力。草图主要有两个作用:①日常收集资料及想法;②帮助思考并将设计想法快速表现。

1. 记录草图

记录草图一般十分清楚详实,而且往往会画一些局部的放大图,以记录些比较特殊和复杂的结构或形态。这类草图是作为设计师收集资料和进行构思整理用的,对拓宽设计师的思路和积累设计经验有着不可低估的作用。

2. 构思草图

利用草图进行形象和结构的推敲,并将思考的过程表达出来,以便对设计师的构想进行再推敲和再构思。这类用途的草图被称为构思类草图。构思类草图更加偏重于思考过程,一个形态的过渡和一个小小的结构往往都要经过一系列的构思和推敲。而这种推敲仅靠抽象的思维往往是不够的,还要通过一系列的画面辅助思考。

构思草图的绘制在方法和尺度上都是多种多样的,往往同一画面里既有透视图、平面图、剖面图,又有细部图,甚至会有结构图。构思草图的表达大都是片段式的,显得轻松而随意,著名华人设计师刘传凯(Carl liu)的草图(图1-54)风格是很多初学者模仿的对象。

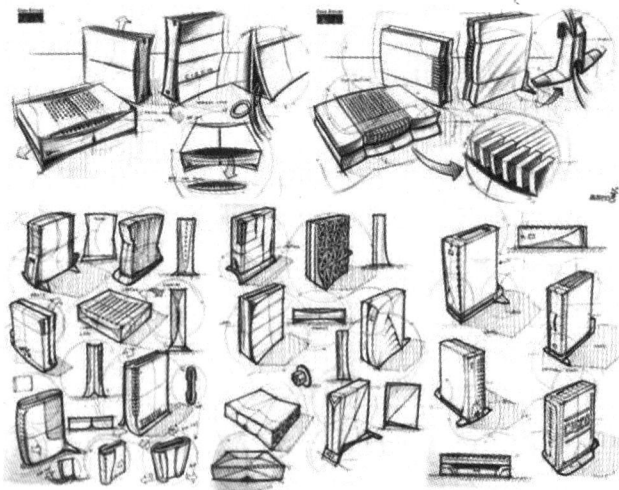

图 1 - 54

3. 设计草图

设计草图主要用于设计师对设计构思进行细化并以此进行设计交流与初步评审。设计草图的绘制应注意以下两点:①能够清楚简洁地表达产品造型特征(图1-55);②有较好的版面布局,有主有次(图 1 – 56,图 1 – 57)。

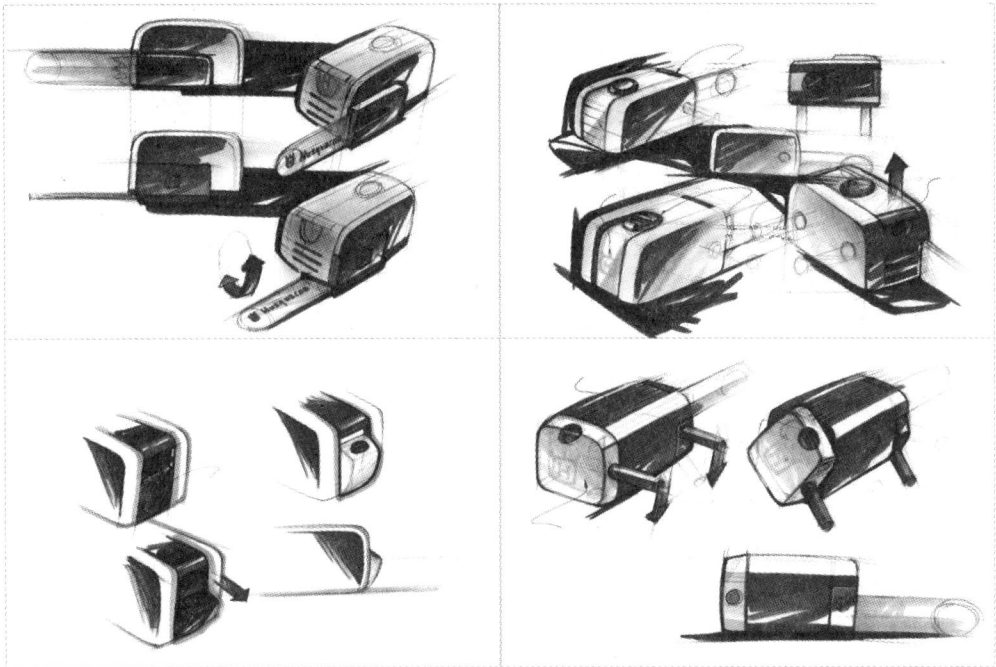

图 1 – 55

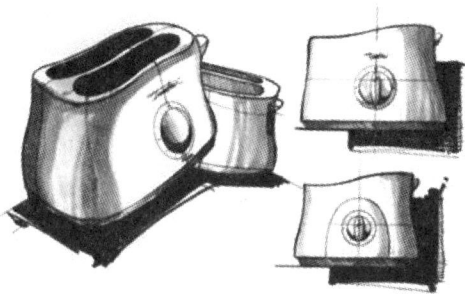

图 1 – 56

图 1 – 57

1.4.3　讲究设计程序,养成良好习惯

　　工业产品设计有严格的设计流程,环环相扣,相辅相成,每一个设计节点对最终设计成果都能产生巨大的影响。在学习阶段,每一个训练课题的设计过程都在遵循基本的设计程序,只不过随着专业的深入,各设计阶段的研究水平与设计能力在不断提升而已。良好的设计习惯可以帮助设计事半功倍,准确而迅速地达到设计目标,反之则事倍功半甚至失败。

1.4.4　明确目标,学习有重点

　　工业设计的范畴相当广泛,研究目标必须明确,学习才能有所侧重。学习中,浅尝辄止与深入精通要并行。浅尝辄止要求知识广博,什么都要懂一些,这样接触到不同的产品才能得心应

手。深入精通指找到自己设计的"兴奋点",也就是找到在产品设计中你最感兴趣的产品类别,如汽车设计、家用电器设计、消费类电子产品设计、通信产品设计、家具设计等。然后围绕自己所感兴趣的方向重点研究,成为这一类产品设计的"专家",这样在学习阶段就可以得到实质性的收获,并且可以触类旁通,其他类别产品设计也可以迅速上手。

第2章
工业设计的沿革与发展

工业设计的发展是伴随工业的发展而发展的，真正意义上的工业设计出现在工业革命之后，大量的机械化产品制造活动与激烈的市场竞争孕育了大量的工业设计需求。由于发展阶段、自身定位的不同，不同国家工业设计发展的轨迹也不尽相同，各具特色，各国均有可取之处。由于篇幅关系，本书仅以德国、美国、日本的工业设计为例，其他国家如荷兰、韩国、瑞典等在设计方面也称得上独树一帜，值得研究学习。

2.1 德国的工业产品设计

号称欧盟的"经济发动机"的德国，作为20世纪初欧洲封建势力最强的国家，能在经济上迅速超过被称作为"资产阶级摇篮"的法国与工业革命发源地的英国，历史学家与经济学家争论的结果是：德国得益于它所开创的世界工业设计革命。

德国是一个设计意识非常强的国家，管理经济的前联邦部长格罗斯曾表示，"根据调查，德国2/3的14岁以上的人理解设计，包括基本日用商品的设计，与此同时，18%的人把它作为新潮设计，16%的人认为普通设计就是给予造型和形态，15%的人认为它包括产品的创造性开发。"设计社会地位重要性的增长不仅在企业家心中扎根，同时在普通老百姓心中也已扎根。

2.1.1 德国的民族性格对工业设计的影响

德国的宗教革命家马丁·路德（Martin Luther 1483—1546）曾经说过："即使我知道整个世界明天将要毁灭，我今天仍然要种下我的葡萄树"。这句话充分显示了德国人埋头苦干、不肯苟且的精神。在德国任何一座建筑、一件家具、一台设备，似乎都为百年大计打算；因战争而破坏的东西修复的时候都要恢复原样。这并不是为守旧，而是表示德国的东西坚固可靠、不易损坏。德国人勤奋工作、埋头苦干的精神不仅体现在普通职员身上，就是高级官员和大企业家也不例外，德国式的严格的学校和家庭教育也决定了他们和散漫作风格格不入，人们认为只有在辛勤劳动之后，才有权力享受生活。德国人就是靠这样踏实勤奋百折不挠的品质，才得以在两次世界大战后迅速恢复，并成为当今世界的第四大经济体。人口约8200万的德国，2014年GDP达3.8万亿美元，属于高度发达的工业国家，其经济实力居欧洲首位，且与英法的差距很大。

总的来说，德国人理性，办事严谨认真，精益求精，组织纪律性很强，而且这些特点在工业产品设计上也体现得很明显。国际贸易界人士普遍认为：精心设计的德国产品结构合理、技术精湛、品质优良、造型严谨、哲理性强，在国际市场上具有很强的竞争力。如果说日本的产品是以设计新颖别致、价格便宜取胜的话,那么德国产品则以高贵的艺术气质、严谨的做工而成为世界高端市场的畅销产品。

2.1.2　德国工业设计的代表企业与作品

德国的国际著名公司众多,在工业设计领域成就突出的企业更是层出不穷,如西门子、菲尼克斯、大众、博世、奔驰、威图等(图2-1),这些我们耳熟能详的企业在产品的工业设计上始终保持着世界领先的竞争优势。

图2-1

1.　双立人亨克斯有限公司

双立人亨克斯有限公司在不锈钢刀剪餐具、锅具、厨房炊具和个人护理用品领域享有很高的声誉(图2-2)。1731年6月13日,时值西历双子星座,双立人标志在德国莱茵河畔的小镇索林根诞生。由于当时还没有商标注册的概念,因此双立人在当地一间教堂内对双子形的标志进行了公告。这个是以星座双子座(图2-3)作为原型的标志,成为了人类历史上最古老的商标之一。双立人的标志设计也在不断变化,并经历了一系列的修改(图2-4)。

图2-2

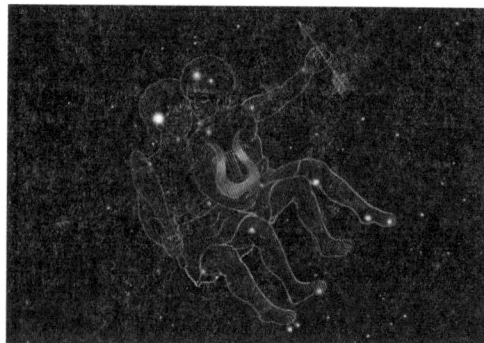

图2-3

双立人早在1783年就建成了自己的炼钢厂与钢材实验室,用来研究不锈钢的组合。从刀体至刀柄,从工艺设计到人机工程,双立人都追求尽善尽美,为制造世界一流的刀具,工序必须多达40道。多年来双立人一直在研究钢材加工的最佳方式,最终研制出了一种专利名为"FRI-

图 2-4

ODYR"的特殊冰锻加工工艺。经其处理的刀不仅能保持刀刃锋利,而且抗腐蚀能力极强,锻造技术已经将生产质量提高到过去无法想象的程度。1927 年,随着双立人巴黎店(图 2-5)的开张,世界主要国家地区都有了双立人的专营店。

图 2-5

双立人的刀具设计讲究因地制宜,例如双立人 Twin Olymp 系列(图 2-6)就是专为亚洲人士设计的刀具。这款插刀架套装包括蔬菜刀、番茄刀、多用刀、中片刀、砍刀、厨房多用剪、磨刀棒、旋转插刀架。主要特点包括:①德国不锈钢,刀面经冰锻工艺处理,刀具抗腐蚀、韧性十足、刀刃更持久锋利;②多达八道工序的手工刃口精磨,刀锋如镜;③45 度刀背磨抛,照顾使用者的细微感受;④指撑设计,更加具有平衡感,更卫生,带来专业厨师般的体验;⑤崭新的人体工程学手柄,握感舒适,使用得心应手。

图 2-6

2. 宝马公司

宝马公司的全称是"Bayerische Motoren Werhe AG(德文:巴伐利亚汽车工厂)",BMW 就是

25

这三个单词的首位字母缩写。宝马公司创建于1916年,总部设在幕尼黑,作为国际汽车市场上的重要成员相当活跃,其业务遍及全世界120个国家。近百年来,它由最初的一家飞机发动机生产厂发展成为今天以高级汽车为主导,并生产享誉全球的飞机发动机、越野车和摩托车的跨国集团,名列世界汽车公司前20名。德国宝马汽车公司生产的宝马车被誉为高级豪华汽车的典范,各地车主对宝马情有独钟。

宝马标志(图2-7)中间的蓝白相间图案,代表蓝天、白云和旋转不停的螺旋桨(图2-8),喻示宝马公司渊源悠久的历史,象征该公司过去在航空发动机技术方面的领先地位,又象征公司一贯宗旨和目标:在广阔的时空中,以先进的精湛技术、最新的观念,满足顾客的最大愿望。

图2-7

图2-8

宝马汽车主要车型有3、5、7、8系列汽车及双座蓬顶跑车等。1998年,宝马集团又购得了劳斯莱斯汽车品牌。宝马公司历来以重视技术革新而闻名,不断为高性能高档汽车设定新标准。同时,宝马十分重视安全和环保问题。宝马在"主动安全性能"和"被动安全性能"方面的研究及其FIRST(整体式道路安全系统)为公司赢得了声誉。

宝马主要设计特色包括:①注重操控性和运动性。除了旗下的MINI品牌,绝大部分车型的发动机都是前置后驱(图2-9),并且前后轴负载分配为50:50(图2-10)使得车重分配更加平衡,这样的设计可以带来更好的操控性和运动性。②造型设计追求优雅与动感,家族化特征代代相传。宝马的外形主要特征就是双肾形的进气格栅,这点从宝马历代三系(图2-11)和五系(图2-12)轿车的换代升级上就可以看出来。③注重环保技术,不断创新超越自我。宝马是目前为数不多的推出量产电动车的主流厂家之一,同时推出了电动汽车i3(图2-13)和i8(图2-14)。

图2-9

图2-10

图 2 – 11

图 2 – 12

图 2 – 13

图 2 – 14

　　宝马设计不局限在汽车领域,在摩托车(图 2 – 15)、游艇(图 2 – 16,图 2 – 17)设计方面也具有很高的水准,并保持了其一贯具有的大气、现代的设计风格。

图 2 – 15

图 2 – 16

图 2 – 17

3. 福维克公司 VORWERK

福维克公司于1883年创始于德国乌伯塔尔,在一百多年的发展历程中,从创立之初的一家地毯工厂一直发展成一个涵盖诸多业务领域、在全球各地拥有分支机构的大型跨国集团。

自1930年起,福维克的核心业务就是通过示范来销售高品质的产品,而且是该领域的全球领先者。销售的产品包括高品质的清洁电器、食品加工设备以及净水处理器等。与此同时,福维克的业务领域还包括了akf信贷银行,HECTAS物业管理以及高档地毯。一对一的专业咨询方式让客户更好地了解并体验到福维克产品的卓越及服务的温馨。为此福维克提出了五大准则:

(1)以顾客需求及工作绩效为导向。致力追求为顾客提供一流服务,以积极的工作精神,来满足最高的要求。为了公司的进一步发展,且为了保障对未来的投资项目成功,力求持续不断的盈利。

(2)成功端赖于人。企业员工和销售伙伴的素质和进取心是决定性的因素,相互间的合作建立在信任、诚实、尊重和公平的基础之上,重视企业内部的每一位员工。

(3)以质量及创新能力突显杰出,福维克重视并支持创新。与客户的直接接触能够充分了解客户的需求,从而为客户生产出质量最优的产品,并提供最佳的服务。致力于追求合理利用自然资源的同时,也重视对环境的保护。

(4)理念与行动皆重视长远利益。自1883年福维克创立以来,决策和投资都以长远利益考量。企业的责任也包含着对员工对社会的承诺。

(5)因应改变,追求进步。没有改变就不会有进步,随时为改变做好准备,这种挑战将为企业带来发展和进步机会。

产品不断改良与改进,永远走在行业的前端。正如福维克准则中所阐述的"以质量及创新能力突显杰出",福维克产品的创新步伐从未停止过。最好的例子就是在20世纪30年代,福维克将自己生产的电唱机的电动机改进为便携式吸尘器的电动机,并生产出了世界上第一台直立式家用真空吸尘器。这种吸尘器颠覆了人们对于真空吸尘器是个庞然大物的概念,并通过独特的示范方式,让越来越多的客户爱上福维克的产品。

福维克产品以其独特的设计和功能屡次赢得大奖。福维克认为一个优秀的工业产品,不仅仅只被客户所认可,更会被整个行业所认可。福维克多项产品都是同行业中的佼佼者。例如,Kobold 135真空吸尘器(图2－18)、Kobold PL515硬地护理机(图2－19)、Thermomix TM31烹饪设备(图2－20)、便携式吸尘器(图2－21)等都曾荣获德国工业设计"红点"奖。

图 2 - 18

图 2 - 19

图 2 - 20

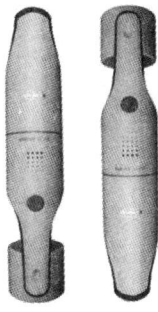

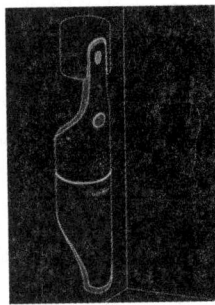
图 2 - 21

2.1.3　德国工业设计的主要特点

1. 政府和企业界高度重视设计

德国前总理科尔曾亲笔为德国出版的《1995 年 IF 设计奖》作品集撰写前言,他在结尾处写道:"在 21 世纪的世界市场竞争中,德国必须靠工业设计保持并提高国家的竞争力。"德国工业的持续发展正是德国各级政府大力推动工业设计成功经验的体现,德国的不少工业设计中心每年都可得到当地政府经济管理部门数目可观的拨款资助,主要用于对工业设计人员培训与组织工业设计成果展览等;一些城市工业设计中心的人员编制为国家公务员,可见德国各地方政府对推动工业设计工作的重视程度。

德国的工业设计教育与工业设计产业完美衔接,不断地为工业设计产业提供高素质的工业设计人才,从源头上保证了工业设计产业的竞争力。世界级德国工业设计大师卢吉·科拉尼曾明确指出高质量的工业设计教育是德国工业设计保持国际竞争力的重要因素。德国设立的国际工业设计界的"奥斯卡"奖——红点奖(图 2 - 22)和 IF 奖(图 2 - 23)鼓励设计创新、普及工业设计理念的意义远远大于奖项本身。德国的工业设计的发展始终都有政府推动的影子。

图 2 - 22

图 2 - 23

2. 设计对象偏向高技术工业产品,注重历史传承与发扬

作为老牌工业国,德国始终走在工业技术发展的前列。德国的制造业闻名于世,是名副其实的制造强国。德国历届政府十分重视制造业的科研创新和成果转化,着力建立集科研开发、成果转化、知识传播和人力培训为一体的科研创新体系。它的最大特色是个人、企业和政府的统一:科研人员出成果、企业出资本、国家出政策并负责对企业和科技界进行沟通和协调。德国企业对研发投入毫不吝啬,研发经费约占国民生产总值 3%,位居世界前列。据统计,欧盟企业

研发投资排名中,前25位有11家德国公司,排名第一的德国大众汽车公司2014年度研发费投入高达115亿欧元,也是世界第一。德国长期以来实行严谨的工业标准和质量认证体系,为德国制造业确立在世界上的领先地位做出了重要贡献,例如德国CNC制造领域著名厂家德玛吉DMG的加工中心(图2-24,图2-25),从加工精度到系统稳定度均处于全球领先水平,其工业设计也引领着加工中心的设计潮流。标准化与质量认证确保了各家企业可以专注于自身擅长的领域,避免了重复研发与同质化竞争,并且可以确保产品质量,使各家企业可以抱团参与世界竞争,例如,采购了西门子的设备基本上就会采购菲尼克斯的接口产品,这也是德国能够率先提出工业4.0(智能制造)的重要原因。

图2-24

图2-25

3. 注重设计保护,严禁仿制,技术保护严密

德国是世界上知识产权保护做得最好的国家。在德国经济当中,中小企业占非常大的比例,约为90%,中小企业已经成为了德国经济的推动力。而德国的中小企业也从事高科技研发,也招募了大量的工人。因此对德国的情况而言中小企业的好坏是德国经济生死存亡的问题,如果不对知识产权加以保护,企业将失去创新的动力。德国知识产权体系管理程序高效、法官专业知识丰富、法律判决经得起推敲、专利和商标及外观设计的申请、管理和维护费用较低,而最关键的是,在德国撤销无效专利的速度很快,这样专利所有人或企业就能更好地保护权益。有意思的是,德国很多设备生产企业的官网上甚至很难看到企业产品的图片或详细介绍,知识产权保护意识可见一斑。

4. 产品设计严谨,强调工艺与质量,追求实用与经典

例如德国著名的运动用品制造商阿迪达斯(图2-26),阿迪达斯在1920年开始生产鞋类产品,而每一双巨星战靴都经过300道工序手工缝制,追求极致完美。德国著名的跑车品牌保时捷,从1948年至今一直以跑车的理念进行汽车设计,不用说保时捷的超跑,其他乘用车如SUV、轿车(图2-27)也秉承了跑车的设计理念,蛙眼大灯的设计更是作为其标志性特征代代相传。

图2-26

图2-27

科学技术的发展、人类认识世界的深化赋予了工业设计以更全面、更崇高的功能,它的作用扩展到人的生理需求、心理反映乃至对环境、社会的适应。德国的工业设计师认为,工业产品不但是人类器官的延伸,而且是人类精神世界的反映。面对环境污染、生态破坏、人口爆炸等 21 世纪人类面临的危机,欧美掀起了回归大自然的浪潮,探索人类合理的的生活方式与生活环境成为德国工业设计的原则。

2.2　美国的工业产品设计

美国是一个多文化和多民族的国家,自 1870 年以来美国国民经济就高居全球第一。第二次世界大战后,美国及其同盟国获得胜利,奠定了美国世界超级大国的领导地位。在苏联解体后,美国成为世界上唯一的超级大国,在经济、政治、科技、军事、娱乐等诸多领域均领衔全球。年轻与活力、多样性与开放、冒险精神和创造才能成就美国。世界上第一个雇佣职业工业设计师的企业是美国的通用汽车公司,当时的总裁阿尔弗雷德·斯隆(Alfred P. Sloan, Jr.)建立了艺术与色彩部(Art and Colour Section)。建立初期,该部门有 50 名职员,其中 10 位为设计师,部门由哈利·厄尔(Harley T. Earl)领导。从此之后,通用汽车的造型设计就得到了快速的发展,该部门在 1938 年扩展成为了造型设计部(Styling Section)。在 1940 年,厄尔被任命为通用汽车的副总裁,这在当时是一个设计师所被聘用的最高管理职位。在执行层面,设计的管理在持续发展中。在 1935 年企业设立了产品认证流程,作为一个固定的体系和方法,这一流程在 1946 年又被进行修正和调整。按照其要求,完整的新产品计划包括四个部分:造型、工程设计、模具与总装。其中,造型是最为重要的内容(图 2 - 28,图 2 - 29)。

图 2 - 28　　　　　　　　　　　　　　图 2 - 29

美国工业设计的发展基本上可以分为四个阶段:①1918 年第一次世界大战以后美国战时工业迅速转向消费品工业;②20 世纪 20 年代经济衰退开始,产品市场竞争加剧产生了设计需求;③1933 年经济复苏,欧洲设计理念在美国企业中得以实现;④第二次世界大战以后设计教育快速发展,美国引领工业产品设计潮流。

2.2.1　美国文化对设计的影响

美国文化强调个人价值,追求自由,崇尚开拓和竞争,讲求理性和实用,不同的文化碰撞产生了更多的创新。美国产品设计风格自由、大胆、张扬,创新度高、个性十足。

1. 哈雷摩托

哈雷摩托是全球知名摩托车品牌(图 2 - 30,图 2 - 31)。1903 年,威廉·哈雷(William Harley)和戴维森(Davidson)三兄弟在密尔沃基创建了著名的 Harley – Davidson Motor Company——哈雷戴维森摩托车公司,100 多年来,它经历了战争、经济衰退、萧条、罢工、买断、回购和国外竞争以及市场变幻的重重洗礼,并经受住了所有考验。一个多世纪以来,哈雷戴维森一直是自由大道、原始动力和美好时光的代名词,从设计上一如既往地展现奔放的机械力量感,"V"形双缸已经成为哈雷摩托的经典特征之一。也许哈雷戴维森摩托车比任何其他 20 世纪的产品更具深意,因为它象征着美国,它的成功是美国传统制造业的传奇,亦是美国文化的代表之一。

图 2 – 30   图 2 – 31

2. ZIPPO

ZIPPO 打火机(图 2 – 32)1932 年诞生于美国,10 年后生产量打破百万大关。到了 1969 年,市场上的 ZIPPO 打火机已超过一亿只,1996 年 4 月 15 日,第三亿只 ZIPPO 出厂。ZIPPO 所生产的三亿多只打火机都享有终身保养服务,一只不遗。0.027 英寸[①]厚的镀铬铜制外罩,再加上 0.018 英寸厚的不锈钢内衬,构成了 ZIPPO 打火机坚固的外壳,外壳由上盖与下盖通过铰链焊接而成。内胆材质为不锈钢,由防风墙、滑轮、铆钉、凸轮、棉花、棉垫、螺丝钉、火石等部分构成。

图 2 – 32

ZIPPO 个性 DIY 一般是由黑冰或哑漆机型通过喷绘或激光雕刻的方式在表面做出个性的定制图案,可以分为四大主题:爱情主题、亲情主题、友情主题、心情主题(即个性展示)。因为其独一无二,所以深受广大 ZIPPO 收藏爱好者的青睐。

注:①   1 英寸 = 2.54 厘米。

2.2.2　美国工业设计代表企业及作品

美国的世界著名企业众多,在工业设计领域像苹果、通用汽车、福特汽车、波音、思科、惠普、IBM 等国际企业(图 2 - 33)也保持着世界领先的竞争优势。

图 2 - 33

1. 案例:可口可乐公司

全世界每秒钟约有 10450 人正在享用可口可乐公司所出品的饮料。可口可乐占据了碳酸饮料市场45%以上的市场份额。可口可乐瓶的设计一直在不断变化(图 2 - 34),经典的玻璃瓶(contour bottle 图 2 - 35)是 Root Glass 设计公司于 1915 年设计的,满足了可口可乐公司在被砸碎的情况下也能认出是可口可乐瓶的设计目标。经过进一步改进形成了经典的玻璃可乐瓶(图 2 - 36),而后的瓶款都是以此为基础来设计的。

图 2 - 34

设计灵感来源于可口可乐的原料可可叶与可乐豆(图 2 - 37),橄榄形的瓶身与条状的纹路识别特征十分明显(图 2 - 38,图 2 - 39),瓶子的原型出来后,为了增加稳定性,将设计略微进行了形态的调整。1955 年,美国工业设计大师罗维重新设计了可口可乐玻璃瓶(图 2 - 40)。

不仅如此,在近百年的发展中可口可乐瓶的设计一直在优化、改进,在全球不同市场也因地制宜进行了个性化设计或根据不同主题进行了订制(图 2 - 41,图 2 - 42)。

图 2 - 35

图 2 - 36

图 2 - 37

图 2 - 38

图 2 - 39

图 2 - 40

2. 案例:苹果公司

毫无疑问,苹果公司是当今最伟大的公司之一。20 世纪 70 年代,苹果公司由史蒂夫·乔布斯(Steve Jobs 1955—2011,图 2 - 43)、斯蒂夫·沃兹尼亚克和罗·韦恩创立,短短 5 年便进入全球 500 强企业。1985 年 4 月经由苹果公司董事会决议撤销了乔布斯的经营权,乔布斯离开苹果。1991 年起公司销售业绩一路下滑,1996 年苹果公司业绩下滑至历史最低点,市场占有率仅有 3%,几乎快被收购。1997 年乔布斯回归苹果公司以后,以工业设计作为突破口,于 1998 年推出的 iMac(图 2 - 44)率先采用了彩色半透明机壳设计,设计简约、个性,打破了 PC 工业产品的印象,后续又推出了 iMac G4(图 2 - 45)、G5(图 2 - 46),赢得了大批粉丝的追捧,公司得以复兴,时至今日苹果已成为世界上市值最高的公司(2014 年 11 月 26 日,7000 亿美元)。

图 2 - 41

图 2 - 42

图 2 - 43

值得一提的是,从 iPod 播放器开始,苹果从一家纯粹的产品销售型公司转型为以软/硬件产品为基础、网络为支撑平台的服务型公司,在精美的工业设计外壳下一步步通过服务获取利润。其转变过程基本可以概括为:通过 iPod 为用户提供下载正版音乐的服务,并使用户建立起网络消费的习惯,随后将 iPhone(图 2 – 47)、iPad(图 2 – 48)等硬件产品作为其网络在线商店的搭载平台,提供付费式软件、影音下载服务,构成了以服务为核心的产品生态系统。

图 2 – 44

图 2 – 45

图 2 – 46

图 2 – 47

图 2 – 48

iPhone 可以说是苹果转型的经典之作,创造了一个商业神话,一款手机打败了摩托罗拉、诺基亚两大移动通信巨头。2008—2015 年,苹果一共推出了 7 代共 7 款手机,平均一年更新一款,除了 iPpone6 造型变化比较大以外,之前的 6 款跟第一代产品造型设计相比变化不大。相较于当年诺基亚一年 20 几款手机的确不算多产,但简约灵巧的设计、流畅的操作系统、丰富的应用充分吸引了用户的注意,虽然售价不菲但依然获取了大量的用户。

iPad 也是苹果一款划时代的产品,早在 2000 年,"iPad"就已经是苹果内部一个极其重要的项目,一开始是基于多点触摸研发的秘密项目,且一直受乔布斯悉心保护。在掌握了多点触摸技术后,2002 年,苹果硬件开发部有了第一台 iPad 原型,但是这部机器比较厚重,电池性能也太弱。所以苹果继续改进触摸技术,而平板计划则无限期推迟。2008 年初,出现了 Netbook(上网本)并开始蚕食传统手提电脑份额,在当年的一次高层会议上决定对尘封在乔纳森·伊夫(苹果设计部负责人,高级副总裁)实验室的 iPad 原型继续开发,作为对 Netbook 的反击。伊夫理想中的平板貌似并不复杂:那是一部足够便宜,而且抛弃键盘的手提电脑。但很多人并不认同将笔记本上的键盘拿走。与很多产品初始设计阶段一样,伊夫一开始定制了超过 20 个模型,涵盖了各个尺寸、屏幕比例,尝试为这款产品找出最合适的尺寸。一名前苹果工程师说:"乔布斯与伊夫几乎为所有苹果产品这么做过",即通过大量的模型寻找出当中最优秀的方案。最终决定 iPad 大小的,是办公室中的一张白纸。伊夫团队明白到,平板电脑的最终目标是要取代办公、教育、阅读领域消费者手上的纸张,因此将 iPad 的大小定为一般杂志、纸张的大小。最后,团队将 iPad 的尺寸定在 9.7 英寸——乔布斯称为不会太大也不会太小的"黄金尺寸"。伊夫对 iPad 最终的期望大概有几点:提供让人过目不忘的简洁、漂亮的外形,以及足够简单的交互设计。伊夫要设计出一款明白用户诉求的产品:只要用户拿到手中,就能立即明白如何使用,整个过程无需解释。设计人员认为平板上的屏幕极其重要,以至于屏幕周围不能出现任何拉拢注意力的元素。在产品形态决定之后,就轮到选择合适的材质了。受当时塑制版 MacBook 影响(俗称小白),iPad 当初也曾打算使用 MacBook 上的塑料材质,而且经过不断打磨,原本又大又重的 iPad 原型,逐渐变得更轻薄锐利。但由于工艺复杂、表面处理难度太大令团队意识到,铝合金可能才是最佳选择。到最后伊夫的团队没有借鉴过去任何一件产品,而是回到绘图板前,重新着手一款铝合金平板的开发,而这就是后来我们所熟悉的第一代 iPad。2010 年 3 月,第一代 iPad 正式向全球发布,从原型机到上市,iPad 已经历了十年的出道生涯。

3. 案例:特斯拉汽车公司(TESLA Motors)

2003 年成立,总部设在美国加州硅谷的特斯拉汽车公司(图 2-49),绝对可以称得上是美国创新精神的杰出代表。特斯拉致力于用最具创新力的技术,加速可持续交通的发展,在技术上为实现可持续能源供应提供了高效方式,减少全球交通对石油类能源的依赖;通过开放专利以及与其他汽车厂商合作,大力推动了纯电动汽车在全球的发展。与此同时,特斯拉电动汽车在质量、安全和性能方面均达到汽车行业最高标准,并提供最尖端技术的网络升级等服务方式和完备的充电解决方案,为人们带来了最极致的驾乘体验和最完备的消费体验。

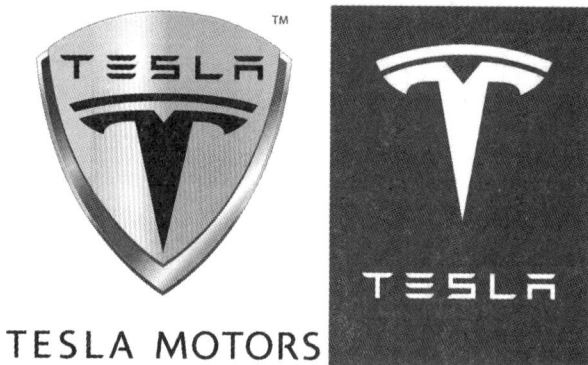

图 2-49

特斯拉的投资人埃隆·马斯克(Elon Musk,图 2-50)本身就十分具有传奇色彩,1971 年 6 月 28 日出生于南非,18 岁时移民加拿大,之后移居美国。他 12 岁时成功地设计并卖出一款视频游戏;获得两个学士学位;参与设计并卖出网络时代第一个内容发布平台;担任美国最大的私人太阳能供应商太阳城公司(Solar City)的董事长;参与创立和投资贝宝(Paypal 目前是世界最大的网络支付平台);成立太空探索技术公司(SpaceX),参与并设计能把飞行器送上空间站的新型火箭(图 2-51),价格全世界最低,研发时间全世界最短;投资创立生产世界上第一辆能在 3 秒内从 0 加速到 60 英里的电动跑车的公司特斯拉(TESLA),并成功量产。马斯克表示,石化

注:① 1 英里 = 1.609 千米。

能源终将耗尽,解决这些终极问题的第一阶段就是:将普通人送入太空,并登陆火星;将燃油汽车全变为电动汽车,并以太阳能提供人类所需电能。马斯克随后紧锣密鼓的研制可重复利用火箭与未来交通工具,同时还成立了一家太阳城公司(Solar City)。2012 年 5 月 31 日,马斯克旗下公司的"龙"太空舱成功与国际空间站对接后返回地球,开启了太空运载的私人运营时代。至此世界上掌握了航天器发射回收技术的只有美国、俄罗斯、中国和埃隆·马斯克。人们甚至将工程师出身的他比作电影《钢铁侠》的现实版,当然《钢铁侠》拍摄地就有马斯克的太空探索技术公司。

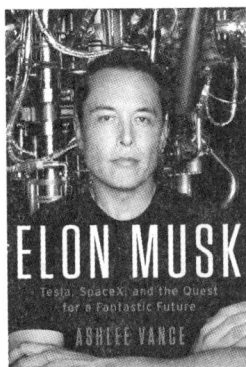

图 2 - 50

图 2 - 51

　　作为世界上第一款采用锂电池的量产车,MODEL S(图 2 - 52,图 2 - 53)的设计的确有很多值得品味的地方,低矮的车身、流线型设计营造出了强烈的四门轿车氛围,当然最拉风的要属四个无框车门,尤其当玻璃全部降下之时,视觉效果已经直逼三百万的超级跑车。另外值得一提的就是 MODEL S 的四个车门把手,为了减小行驶中的空气阻力,特斯拉将它们打造成隐藏式布局。平时把手缩于车门中,在解锁后四个门把手会自动弹出,如果选装了灯光包,此处还将有夜间照明灯,科技感一流。整个车内实体按键寥寥无几,仅有双闪开关和副驾驶手套箱开关两个按键位于中控台上。信息显示及设定交给了全彩液晶仪表盘,而其他包括娱乐、空调、上网、车辆设定等诸多功能的使用都集中在了那块硕大的中控屏幕(图 2 - 54)中,它的大小是 17 英寸。两块大液晶显示屏将车内的未来感展现得淋漓尽致。液晶仪表信息量丰富:数字时速、实时输出功率、里程及能耗信息、导航信息以及空调风扇温度转速以及天窗开启幅度都可通过方向盘上的多功能键进行调节。仪表画面细腻,色彩丰富,有一种玩游戏机的感觉。另外,当停车充电时,仪表中央会清晰地显示出当前电量可行驶里程以及充满所需时间等多项信息,直观易懂。而中控 17 英寸大屏中的功能更是数不胜数,甚至手刹都需要在屏幕上点击完成,非常类似超大号 iPad 的用法。

图 2 - 52

图 2 - 53

图 2 - 54

2.2.3 美国工业设计的主要特点

1. 高度商业化的工业设计

对美国的工业设计而言，与其说是形式追随功能不如说是形式追随市场。除了植根于各大企业的工业部门以外，专业设计公司也相当活跃，其中的卓越代表包括 IDEO Design、Frog Design、Smart Design、ZIBA Design(图 2-55)。可以说，从一开始，美国的设计运动就沾满了实用主义的商业气息。美国芝加哥建筑派的领导人物之一——路易斯曾经在 1907 年总结设计的原则时说："设计应该遵循'形式追随功能'的宗旨(form follows function)。"美国人虽然提出这条原则，但是在美国竞争激烈的商业市场上，设计所遵循的其实是"形式追随市场"，对于企业来说，设计唯一的要点是能够促进销售。

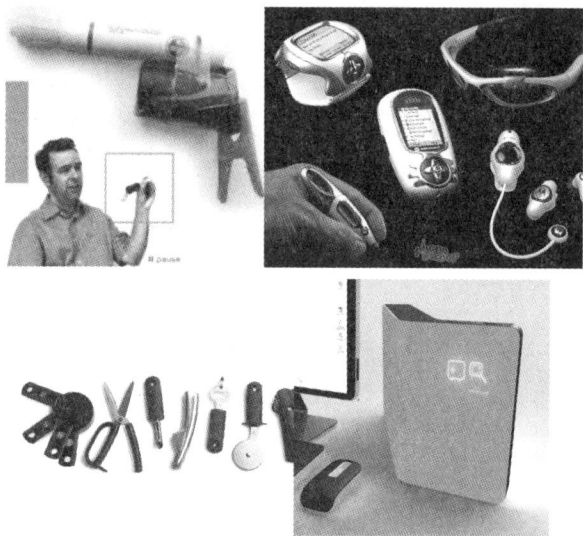

图 2-55

2. 由专案设计走向联合开发

美国的设计公司逐渐转走向与企业合作开发、共担风险、共同受益的合作模式。以美国著名的 IDEO 设计公司为例。IDEO 成立于 1991 年，由三家设计公司合并而成：大卫·凯利设计室(由大卫·凯利创立，图 2-56)、ID TWO 设计公司(由比尔·莫格里奇创立)和 Matrix 产品设计公司(由麦克·纳托创立)。在这三位创始人中，大卫·凯利是斯坦福大学的教授，一手创立了斯坦福大学的设计学院，他同时也是美国工程院院士。比尔·莫格里奇是世界上第一台笔记本电脑 Grid Compass(图 2-57)的设计师，也是率先将交互设计发展为独立学科的人之一。IDEO 是全球顶尖的设计咨询公司，以产品发展及创新见长，从只有 20 名设计师的小公司做起，一路成长到拥有数百名员工的超人气企业。公司目前有员工人数约 550 人，专注于不同领域，如人因研究、商业咨询、工业设计、交互设计、品牌沟通和结构设计等，其中工程师接近一半，具有完全的产品开发能力。IDEO 的客户群分布在消费类电子、通信、金融、工程机械、媒体、食品饮料、教育、医疗器械、家具、汽车行业和各国政府部门等。IDEO 的成长轨迹折射出社会对工业设计服务需求的变迁，由最初的产品设计转型为产品创新策略咨询，甚至成为很多企业的"外脑"。IDEO 与很多慕名而来的企业形成战略伙伴关系，为这些企业提供产品开发服务，并以此"入股"产品，产品上市以后再从产品的销售额中提成,IDEO 每年的营收中有相当一部分来源于此。

图 2-56

图 2-57

3. 设计对象偏向高技术产品

美国工业设计的主要设计方向是高技术产品,包括计算机(图 2-58)、现代办公设备、医疗设备(图 2-59)、交通工具、工业装备、通信设备(图 2-60)等,例如,医疗设备就占到了世界 41% 的市场份额。

图 2-58

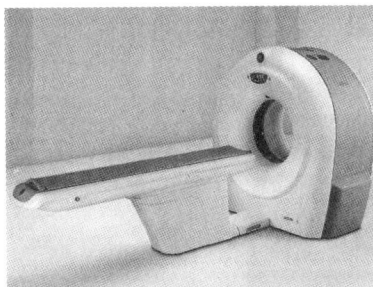

图 2-59

图 2-60

4. 产品设计彰显个性、与众不同

美国工业产品设计除了通用型产品以外,都十分强调产品特征与个性,不论是张扬的福特野马还是简约时尚的 iPad,甚至无比粗犷的悍马都具有识别度非常高的产品外观(图 2-61)。美国的设计往往令人热血澎湃,绝对吸引眼球,因此往往能获得广泛的关注、赢得巨大的市场机会,之前提到的特斯拉电动汽车就是很好的例子。

图 2-61

2.3 日本的工业产品设计

第二次世界大战以后,日本经济百废待兴,日本政府从 20 世纪 50 年代引入现代工业设计,将设计作为日本的基本国策和国民经济发展战略,从而实现了日本经济 20 世纪 70 年代的腾飞,使日本一跃成为与美国和欧盟比肩的经济大国。国际经济界的分析认为:"日本经济 = 设计力"。在创造"经济奇迹"时代的日本,有四位企业家被称为"经营之圣",分别是:松下幸之助(松下公司)、本田宗一郎(本田公司)、盛田昭夫(索尼公司)、稻盛和夫(京瓷公司)。无一例外的是,他们对工业设计都尤为重视,以松下幸之助为代表的日本的企业家在 20 世纪 50 年代就指出:"今后是设计的年代。"松下幸之助的认识对日本经济的兴旺发达做出了重大贡献。

2.3.1 日本的民族性格对产品设计的影响

日本的民族群体意识比较强,讲诚信、守秩序,善于学习。日本在其产品设计领域如同其文化一样,把世界上好的设计与自己的文化再杂糅,形成了独具特点的日式产品(图 2 - 62)。在产品设计中东西方文化的交融,再加上精巧、细致的制作工艺,很容易赢得消费者的青睐。

图 2 - 62

2.3.2 日本工业设计代表企业及作品

日本工业发达,在消费电子、汽车、重工业领域国际知名品牌众多,如汽车制造领域的丰田、本田、日产,消费电子领域的索尼、松下,重工业领域的三菱、东芝等(图 2 - 63)。

汽车业	消费电子	重工业
丰田 TOYOTA 本田 HONDA 日产 NISSAN	索尼 SONY 松下 Panasonic	三菱 Mitsubishi 东芝 Toshiba

图 2 - 63

1. 索尼公司

索尼公司(SONY)是世界上民用专业视听产品、游戏产品、通信产品和信息技术等领域的先导之一,是全球领先的个人宽带娱乐公司。创始人为井深大(图 2 - 64)与盛田昭夫(图 2 - 65),公司的第一款真正意义上的产品是 1945 年 9 月推出的电饭煲(图 2 - 66)。1954 年,索尼公司首次聘用了专职设计师;1961 年,索尼公司已有 17 名专职设计师;1982 年,设计师增至 131 人。如今索尼公司在全球拥有 5 大设计中心,分别设在洛杉矶、东京、上海、新加坡和伦敦,设计中心负责全部产品的设计与研发。索尼公司的产品设计细节丰富、工艺精美(图 2 - 67),前总裁大贺典雄,曾经精确地描述了索尼公司在产品设计上目标:精巧、时尚、优质,创造"触动人们心弦的产品"。

图 2 - 64　　　　　　　　图 2 - 65　　　　　　　　图 2 - 66

图 2 - 67

真正让索尼公司走向世界的产品是于 1979 年 7 月诞生的随身音乐播放器 Walkman(随身听,图 2 - 68)。这款由盛田绍夫亲自负责研发的磁带式录放器,体积小、重量轻,便于随身携带。1984 年,索尼公司又首创 CD Walkman,并于 1992 年推出 MD Walkman,并继续在全球处于第一名的地位。2000 年以后,逐渐步入数码时代,MP3、MP4 不断涌现,特别是智能手机时代开启后,随身听已经基本上没有了市场。日本索尼公司 2010 年 10 月 25 日宣布停止卡带式随身听在日本的生产和销售,标志着该款史上最成功消费产品 30 年辉煌的终结。

图 2 - 68

2. 本田公司

本田株式会社(本田技研工业株式会社)是世界上最大的摩托车生产厂家,汽车产量和规模也名列世界十大汽车厂家之列。1948 年创立,创始人是传奇式人物本田宗一郎(图 2 - 69),公司总部在东京,雇员总数约 18 万人,第一款产品是摩托车(图 2 - 70)。现在本田公司已是一个跨国汽车、摩托车生产销售集团,其产品除汽车、摩托车外,还有发电机、农机等动力机械产品。

图 2 - 69

图 2 - 70

本田的设计特色十分鲜明,个性突出,具体表现在:①注重人性化设计与细节设计,追求购买的喜悦、销售的喜悦、创造的喜悦;②造型风格追求流行与动感,具有未来设计感,如同其概念摩托的设计(图 2 - 71,图 2 - 72),设计思路十分大胆。如果拿丰田的高端品牌雷克萨斯与本田的高端品牌讴歌作对比,那么保守与激进的设计风格一下就能区分出来(图 2 - 73)。

图 2 - 71

图 2 - 72

图 2 - 73

2.3.3　日本工业设计的特点

1. 强调集体智慧,沟通贯穿于设计的全过程

　　日本企业的设计团队在设计的过程中销售、生产、企划等部门都会参与,不断从各个方面对设计进行评审,确保设计目标能够顺利实施。日本的设计师大多在企业中集体工作,设计作品与成就属于公司。

2. 从单纯模仿转变为研究改进最终发展为创新设计

当年的日本制造与今天的中国制造有些类似,一开始都是模仿,如三菱重工的帕杰罗越野车,早期就是仿制的美军威利斯吉普的 CJ 系列。丰田汽车旗下的高端品牌雷克萨斯(LEX-US),创立于 1983 年,当时丰田英二先生提出了一个震撼性的问题:"在累积了半世纪的汽车研发和制造经验之后,日本究竟能不能创造出足以傲视当世车坛的顶级轿车?"换句话说,这部新车的直接对手将是长久以来盛名不坠的欧洲著名汽车厂牌。就是这个崭新的品

图 2-74

牌仅仅用了十几年的时间,在北美便超过了奔驰、宝马的销量。雷克萨斯走的也是模仿、改进、创新之路(图 2-74),第一、二代车型都是模仿通用汽车的车型(图 2-75,图 2-76),第三代车型开始脱胎换骨,逐渐形成自身独特的设计风格(图 2-77,图 2-78)。

图 2-75

图 2-76

图 2-77

图 2-78

3. 产品外观精美,细节丰富,价格相对低廉

总的来说,日本产品的设计外观精美,注重细节,尤其是电子产品,可以用小、巧、轻、薄四个字来形容,而相对便宜的价格也是吸引消费者的有力武器(图 2-79)。

图 2-79

4. 注重文化研究与用户研究,并能充分运用研究成果

日本的产品企业十分注重对产品文化和用户的研究(图 2 – 80,图 2 – 81),基于研究成果进行定向开发,充分运用研究成果,是日本企业一贯的做法。

图 2 – 80

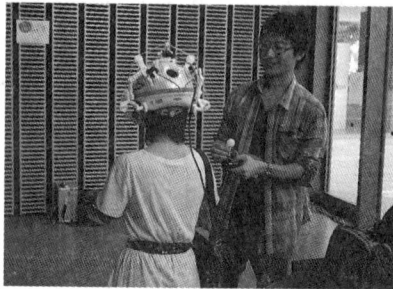

图 2 – 81

2.4 中国的工业产品设计

2.4.1 我国工业设计的发展现状

我国作为世界上最大的发展中国家,人口接近 14 亿,有着世界第一的市场规模,虽然近年来有经济增速放缓的趋势,但 2014 年国民生产总值(GDP)依然超越了 10 万亿美元大关,列世界第二位,是世界 GDP 第三位的日本 2 倍以上。同时作为制造大国,我国也存在着严重的污染、产业结构不合理等问题,我国政府正着力进行发展模式的转型,传统的"三高"产业(高能耗、高污染、高成本)正在逐步被淘汰,新能源、新技术正成为我国产业大力发展的方向,经济建设逐步回归市场化运作。在这样的大背景下,工业设计的发展也受到了深刻的影响。

1. 企业对设计创新的要求愈加强烈

随着市场竞争的加剧,产品设计更依赖于设计创新。过去 20 年,工业设计的创新主要集中在设计造型的改进方面,但现阶段企业更需要有创造性和具有核心竞争力的设计,设计创新比任何时候都显得重要。近年来我国台湾地区的企业如明基、华硕等,通过 OEM 代工国际品牌,吸收了国际品牌的技术研发和品牌运作的经验,纷纷从"中国制造"转向"中国设计";而自主品牌中如华为、联想等企业早就开始走自主设计创新之路,这为"中国制造"的企业树立了榜样,让企业逐步意识到工业设计创新是当前制造企业走出国门、提升品牌形象和盈利能力的有效方式,"中国制造"一定要转变为"中国设计制造"。

2. 设计公司品牌意识逐渐加强

目前在北京、上海、深圳等发达地区活跃着一定数量的工业设计公司,公司规模一般为 20 ~ 50 人,它们比较注重公司设计品牌和服务质量,也初步形成了从市场研究、设计开发到生产制造环节的整套服务体系。这些设计公司在服务流程和工作方法上比较规范,善于配合企业的工作流程并提供较专业的设计服务。

3. 专业化成为行业主导趋势

工业设计在行业应用过程中,从起初的家电产品到手机等通讯产品,然后到现在的汽车等交通工具,专业化趋势越来越明显,企业对设计的专业化要求越来越高。国内设计界正直接面对国际设计同行的竞争,特别是工业设计公司,越来越需要专注于专业细分领域并切实提高服务质量。

2.4.2　工业设计发达国家对我国工业设计的发展的启示

1. 政府与企业必须增强对工业设计的扶持与投入

纵观设计发达国家,基本上工业设计行业都是由政府推动并支持的,没有一个国家是依靠一两个企业就能够将工业设计的整体水平提升的,政府必须依照产业发展的规划制定相应的工业设计发展策略。从目前来看,由于我国市场广阔、产业全面,因此产品制造的各个行业都可以有针对性地进行工业设计创新。

2. 产品设计的硬件条件必须往高、精、尖发展

工业设计不仅取决于设计创意,更取决于制造的技术工艺,这与一个国家制造装备、制造工艺的水平有很大的关系。产品设计的硬件条件关系到产品设计的实现度,缺乏实现度的设计是没有意义的。目前,我国正从制造大国往制造强国转型,对制造装备的投入与日俱增,制造装备的振兴指日可待。

3. 模仿、改进、创新,专利保护刻不容缓

设计的发展不是一蹴而就的,我国设计起步晚、起点低,因此在发展阶段不可避免地会对国际上优秀的设计进行学习与模仿,这原本无可厚非,因为这是绝大多数事物发展的必经之路,比如日本的工业设计就是这么发展起来的。但是,模仿不等于抄袭、复制,必须要融入新的设想与构思,否则那就是剽窃。因此,必须建立起强有力的设计保护机制,充分保障设计创新的知识产权,否则将没有企业愿意支付设计的成本,并极大地损害创新者的信心。

4. 设计应紧随市场需求、引领市场需求

设计的成功与否只能由市场来评价,因为经济利益的驱动才是设计产生的根本原因,通过设计满足市场需求是确保设计成功的主要条件之一,现今通过设计创造需求、引领市场需求的趋势越来越明显。

第3章
优秀工业产品的特征与设计要素

3.1 优秀工业产品的基本特征

想要做出优秀的设计,首先必须理解什么是优秀的产品以及其基本特征。

2003 年 1 月,西门子公司推出了 Xelibiri 系列手机(图 3 - 1,图 3 - 2),希望借助时尚设计使手机成为每年春天和秋天都可以进行更换的流行物品。该系列手机的外形设计与众不同,只保留了手机非常基本的功能。时尚的设计令消费者耳目一新,本想以此吸引年轻群体消费者,然而功能设计过于简单,当时正逐渐走热的游戏功能设计得也很一般,根本吸引不了年轻的消费群体。这些手机最开始是在时尚店中销售,后来沦为超市中的打折品,再后来在网上更是狠折贱卖。西门子手机事业部因此一蹶不振,直至退出手机市场。

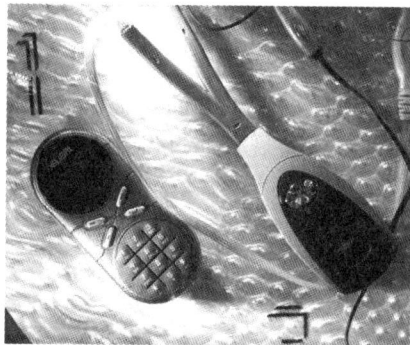

图 3 - 1

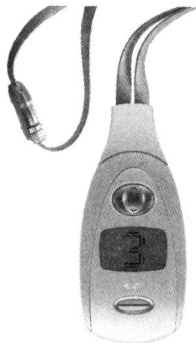

图 3 - 2

调查表明,对于一款新开发的产品,导致其市场失败的原因主要有七点:①市场分析不足(32%);②产品缺失(23%);③高成本(超出预估)(14%);④时效不佳(10%);⑤竞争者的反应(8%);⑥行销努力不足(7%);⑦时间不够(6%)。其中,市场分析不足、产品缺失、成本过高这三个因素很可能造成产品的失败。因此,优秀的工业产品,不仅要具备优秀的设计,更要具备准确的市场定位、与众不同的设计以及强大的成本控制能力。

3.1.1 产品定位准确,市场认可度高

市场成功的产品,一定对目标客户进行过深入的研究与分析,进而对产品进行了准确的市场定位。例如,同样是德系车,根据市场定位的不同分为 A 级(经济)、B 级(中档)、C 级(高

档)、D 级(豪华)型(图 3 - 3),A 级的定位为普通家用轿车,B 级的定位为普通公务用车,C 级的定位为高端商务或家用车,D 级的定位为高端人士豪华座驾。品牌的定位也决定了产品设计的定位与特性,仍然以德系品牌为例。奥迪设计主打豪华感、科技感;宝马设计强调豪华、运动性;大众设计相对务实、中庸;保时捷设计充满了跑车风范;奔驰设计豪华、优雅;欧宝设计主打休闲、旅行(图 3 - 4)。

图 3 - 3　　　　　　　　　　　　　　　　　图 3 - 4

1. 案例:丰田

在中国,大家都知道日本丰田汽车,其销售店名都是"丰田"。而在日本,明明所有丰田车都是"一家人",却分出了五套销售渠道,分别是 OYOTA 店、TOYOPET 店、COROLLA 店、NETZ 店和近期才成立的雷克萨斯店。根据车型的不同,对应的店铺也不一样。

1) TOYOTA 店

TOYOTA 店(图 3 - 5)是丰田最开始就设立的销售渠道,经过历史沉淀,目前这个渠道的店铺主要销售丰田品牌旗下的高端车,如旗舰车型丰田世纪、皇冠、FJ 酷路泽以及高级 MPV 车型 ESTI-MA 等。TOYOTA 店所销售车辆主要面向企业法人,作为运营车辆或公司重要人物的迎送用车。

图 3 - 5

2) TOYOPET 店

TOYOPET 店(图 3 - 6)所销售车型的定位要低于 TOYOTA 店,主要销售丰田旗下的中型车,如锐志、HARRIER(与雷克萨斯 RX 同级别)、埃尔法等车型。TOYOPET 店的目标客户群为经济比较富裕的家庭用户。

图 3 - 6

3）COROLLA 店

COROLLA 店（图 3 - 7）也主要面向家庭用车，但相比 TOYOPET 店，车型更加经济实惠一些。主要销售的车型有凯美瑞、卡罗拉、NOAH 等。目标客户群为年轻家庭用户，如有一两个孩子或结婚不久的年青夫妇。

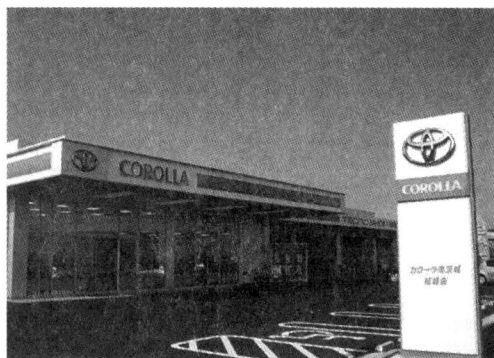

图 3 - 7

4）NETZ 店

相比之下 NETZ 店（图 3 - 8）要有趣很多，它主要面向喜欢玩车的二三十岁的年青人。所售车型以运动兼经济型为主，相比其他丰田的店，其历史也要短很多。它是丰田轻车（Kcar）的主要销售途径，同时也有 RAV4、86、普瑞斯等车型在售。

图 3 - 8

5）雷克萨斯店

在日本,雷克萨斯店(图 3 - 9)是 2005 年以后才从丰田的其他店中独立出来的,主要面向年收 1000 万日元(约合 50 万人民币)以上的高收入人群。2005 年以前日本国内并没有雷克萨斯这个品牌,雷克萨斯的各种原型车都挂着丰田标在其他丰田店中进行销售。

图 3 - 9

2. 案例：Swatch

20 世纪 70 年代末,瑞士制表业陷入空前危机。当时瑞士出品的钟表产量在全球市场的比例已从 43% 急剧下降到 15%,受到精工、卡西欧、西铁城(图 3 - 10)等日本钟表企业的巨大挑战。复兴瑞士制表业成为刻不容缓的艰巨任务。1978 年,世界上诞生了当时厚度最薄的腕表,这再次向瑞士制表业发出严峻挑战。瑞士制表业决心迎难而上,创制出更为轻薄的计时器。

图 3 - 10

1985 年,Swatch 之父——尼古拉斯·G·海耶克在对 Asuag 和 SSIH 进行了历时四年多的重组后,最终促成两家钟表公司合并成立 Swatch 集团。Swatch 集团的制表工匠不仅缔造了新的超薄表记录,更发明了全新的制表工艺。这一制表工艺采用一体式表壳,并将表壳的底部作为安装机芯的底板。机芯从腕表的上方进行安装,安装蓝宝石水晶玻璃镜面则成为最后一道工序。经过无数次改进,化繁为简,Swatch 集团的制表工匠使用 51 个零部件代替了通常构成腕表的至少 91 个零部件,最终使塑料表成为可能。采用瑞士石英机芯、人工合成材料制造的 Swatch 腕表,兼具防水防震、计时精确、价格平宜等出众优点。

"Swatch"名字中的"S"不仅代表它的产地瑞士,而且含有"second - watch"即第二块表之意,表示人们可以像拥有时装一样,同时拥有两块或两块以上的手表(图 3 - 11,图 3 - 12)。

Swatch 的目标群体是 8~80 岁,拥有一颗年轻的心,始终不懈地追求着快乐人生的人。Swatch 通过设计不断推陈出新,根据各类主题定制不同的设计满足不同的需求(图 3 – 13,图 3 – 14)。

图 3 – 11

图 3 – 12

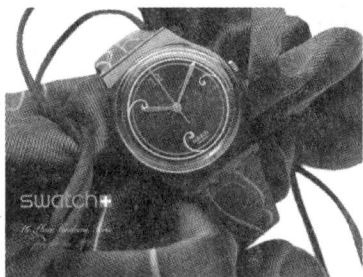

图 3 – 13

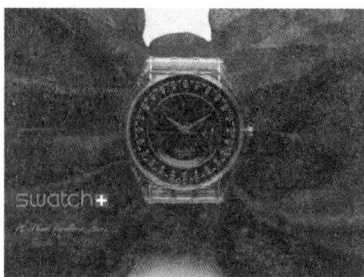

图 3 – 14

3. 案例:smart

谈到 swatch 不得不谈到 smart,smart 是梅赛德斯—奔驰与 swatch 公司合作的经典之作。名称中的 s 代表了斯沃奇,m 代表了戴姆勒公司,art 意为艺术,代表了双方合作的艺术性;而 smart 本身就有聪明伶俐的含义,也与其品牌理念相契合。smart(图 3 – 15,图 3 – 16)是为城市用车而设计的,它驾驶灵活、泊车方便,可作为家庭主妇进城购物、接送孩子上下学用车,也可作为上下班的代步工具。由于 smart 车的创新与技术含量较高,所以价格也不便宜,销售对象一般是那些收入稳定的中产家庭,购买 smart 车作为家庭用的第二、甚至第三辆车。Swatch 的设计,加上奔驰的技术支持,让 smart 在保留概念车创意的同时兼具了流行及实用等优点。小巧的造型,配合智能化及人性化的操控设计,令 smart 的车型开创了一个全新的细分市场。

图 3 – 15

图 3 – 16

3.1.2 设计与众不同,注重内在创新

设计与众不同指产品在技术、造型、结构、材质、工艺上有所创新;注重内在创新则意味着产品的设计不仅在外观上赏心悦目,同时在功能设计、结构设计方面也独具匠心。

案例 Apple iMac

2004 年推出的 iMac G5(图 3 - 17)将苹果简约的风格发挥到了极致,在随后推出的一系列产品如 iPhone、iPad 延续了这样的设计风格。优秀的工业设计不仅仅是外观设计,以 iMac G5 为例。从外观上看 G5 相当简约,不论是显示器还是机箱,尤其是机箱设计将形式与功能完美结合,机箱上的把手即是装饰也具有把手功能,能够方面搬运。

图 3 - 17

打开 G5 机箱,与传统机箱内部相对较乱的格局不同,G5 相当规整,布局安排井井有条(图 3 - 18)。不仅如此,G5 也没有传统机箱过热时散热扇"嗡嗡"的噪声,原因在于 G5 将计算机机箱内四个需要散热的部件,即处理器(CPU) 、内存(PCI)、储存设备、电源供应器分区设置,并在每个区均安装了静音风扇(图 3 - 19)。

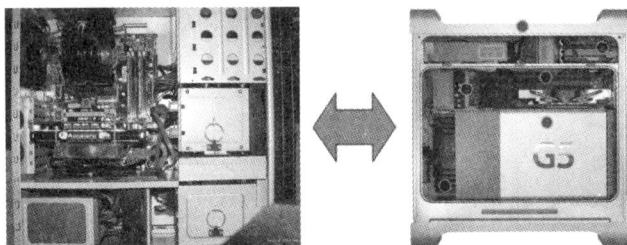

图 3 - 18

图 3 - 19

优秀的工业设计不仅体现在产品的外在,内在的设计创新更见功力,越来越轻薄的 Mac-Book(图 3 - 20,图 3 - 21)每一个零部件都堪称技术与艺术的结合,内外一丝不苟的细节设计支撑了产品的高品质和与同类产品相比高出近 50% ~ 100% 的溢价。

图 3 - 20

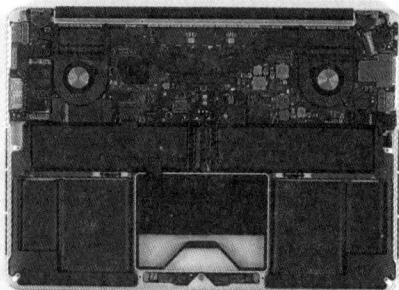

图 3 - 21

3.1.3 成本精打细算,品质始终如一

企业的利润等于销售额减去总成本,然而产品销售不是由企业决定的,而是由市场决定的。那么要想获得更多的利润,一方面需要在产品设计、研发方面增加投入,提升产品的价值,另一方面只有在确保产品品质的前提下压缩成本,严格控制成本可以利用价格杠杆获得竞争的主动权。

案例:丰田汽车

丰田汽车公司是世界著名的汽车企业,长期占据世界汽车销量前两名的位置,利润多年保持世界第一,旗下两大主要品牌 TOYOTA(图 3 - 22)和 LEXUS(图 3 - 23)家喻户晓。

图 3 - 22

图 3 - 23

为了提升产品价值,丰田在产品设计、研发方面的投入巨大,具体措施如下:

(1)增加造型设计投入,从仿制到自主风格。1954 年丰田开始逐步摆脱对美式车的模仿,在造型设计上逐步发展出自己的风格。

(2)增加技术研发投入,敢为人先引领潮流。2014 年丰田研发投入金额位世界第二,达到 63 亿美元。目前市场正流行的混合动力汽车,最早进行研发和投入生产的就以丰田为代表的日系车厂,其代表作品普锐斯(图 3 - 24)是世界上最好的混合动力车型之一,旗下雷克萨斯品牌 CT(图 3 - 25)也是高端品牌的代表之作。在纯电动汽车尚未普及而环保理念又越来越深入人心的今天,丰田通过创新技术的研发开辟了更加广阔的市场。

为了在确保产品品质的基础上降低成本,丰田在生产管理中开创性地提出了"TPS":丰田生产方式又称精细生产方式或精益生产方式。由日本丰田汽车公司的副社长大野耐一创建,是丰田公司的一种独具特色的现代化生产方式。它顺应时代的发展和市场的变化,经历了 20 多年的探索和完善,逐渐形成和发展成为今天这样的包括经营理念、生产组织、物流控制、质量管理、成本控制、库存管理、现场管理和现场改善等较为完整的生产管理技术与方法体系。比较典型的举措如下:

图 3－24

图 3－25

(1) 消灭浪费,制定零库存计划。库存意味着资金、场地、人员的占用。丰田在汽车生产中率先引入了零库存计划,最大限度地减少库存。例如,丰田要求所有的配套厂商必须设在离丰田总装厂 1h 车程以内的地方,确保装配零部件准时供应。而对比通用汽车公司平均 700km 的采购距离(图 3－26),仅仅运输部分就可以节约巨额的成本。

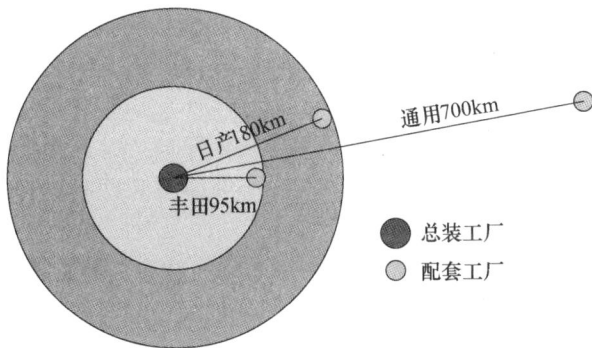

图 3－26

(2) 增加沟通,设计过程面对面。在第 2 章谈到日本工业设计的特点时曾经提到,日本设计强调全过程的参与性,不仅设计部门,生产、销售、财务等部门都要予以配合,并在设计的过程中参与各个阶段的评审,这种不断沟通的模式确保了设计的一致性,避免了重复劳动与投入的浪费(图 3－27)。

(3) 通用平台,最大限度节省成本。丰田于 2015 年发布了针对全球汽车市场开发的全新平台 TNGA,该平台的优势不仅是更轻,还拥有模块化生产特点,可以实现多级别车型零部件通用,可最多生产 12 款车,大大降低了生产成本(图 3－28,图 3－29)。

图 3－27

图 3 – 28

图 3 – 29

3.2 产品设计中的色彩要素

色彩元素是构成产品设计主要元素之一。产品设计中的色彩要素是指,在产品设计的过程中考虑色彩对使用者生理与心理的影响,从而对产品色彩进行分析与应用的环节。

3.2.1 色彩对消费者很重要

1. 消费者选购商品有"7 秒定律"

美国流行色彩研究中心的一项调查表明,人们在挑选商品的时候存在一个"7 秒定律":面对琳琅满目的商品,人们只需 7 秒就可以确定对这些商品是否感兴趣。而美国营销界也总结出"7 秒定律",即消费者会在 7 秒内决定是否有购买商品的意愿。商品留给消费者的第一眼印象可能引发消费者对商品的兴趣,使消费者希望在功能、质量等其他方面对商品有进一步的了解。如果企业对商品的视觉设计敷衍了事,失去的不仅仅是一份关注,更将失去一次商机。而在这短短 7 秒内,色彩的决定因素为 67%,这就是 20 世纪 80 年代出现"色彩营销"的理论依据。例如,走在商品琳琅满目的超市(图 3 – 30),放眼望去,短时间内人们不会对商品具体的样式形成概念,只会感知到不同商品的色彩特征。

图 3 – 30

2. 色彩对消费者来说同形态一样具有符号性

任何产品都具备色彩,色彩搭配能够形成不同的审美效果。产品色彩审美是通过感官感受形成的,并且这一审美与产品属性相关。产品色彩审美取向与产品消费者的文化、年龄、职业、地区、民族等相关。产品色彩同样会引起审美好恶感。产品色彩作为传达产品信息,可用于表现产品整体属性与某局部的特别性。例如主要人机界面的色彩,产品运动部件的色彩,产品发热、通风部位的色彩,有些要专门提示的产品部位通过色彩可以一目了然。色彩具有符号性,通过特定的色彩搭配人们已经将品牌或产品与之相联系,例如,想到麦当劳的标志就会联想到黄色与红色,想到星巴克的标志就会联想到有黑色与绿色,想到宝马的标志就会联想到蓝白相间的色彩搭配,想到博世电动工具就会联想到经典蓝绿色、黑色、红色搭配的产品外观(图 3 - 31)。某些色彩还被附上了特别的意义,如在手机具有实体按键的时候,所有的厂商都以绿色表示接通、红色表示挂断(图 3 - 32),到了智能手机大行其道的今天,屏幕上显示的虚拟按键依然用绿色和红色分别代表接通与挂断(图 3 - 33),因为人们已经习惯了这样的色彩示意,将功能与色彩紧紧联系在了一起。

  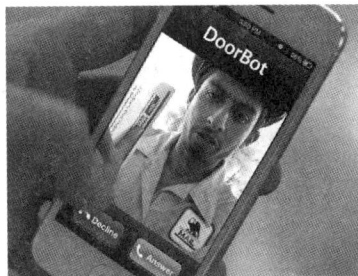

图 3 - 31　　　　　　　　　　图 3 - 32　　　　　　　　　　图 3 - 33

3.2.2　色彩对产品生产企业具有重要的意义

如今企业形象与产品形象深度统一已经成为一种趋势,产品色彩是产品特色和品质的重要标志,不少知名企业在产品设计中采用了特定的色彩或色彩搭配来体现企业的独特性(图 3 - 34)。

图 3 - 34

案例:IBM

IBM(International Business Machines Corporation,国际商业机器公司),现在的标志是由著名

的图形设计师保罗·兰德(Paul Rand)于1956年设计的,用City Medium字体取替了Beton Bold字体,使"IBM"字母显得更刚性、更扎实、更平衡。1972年,IBM又采用了一个新标志,仍由兰德设计,但用水平的条纹替代了实心字符,暗示着"速度和力量",色彩也设定为象征科技的蓝色,并持续至今,因此谈到IBM总是让人联想到蓝色巨人。

IBM笔记本电脑,虽然已经被联想公司收购,但ThinkPad系列(图3-35,图3-36)至今依然是商务人士的首选。ThinkPad纯黑色外观的灵感来自日本传统的一种漆器饭盒:松花堂便当(图3-37,图3-38),它通体黑色且常用来装午饭。而选择黑色作为产品主体色是因为黑色让笔记本显眼而不张扬,出众而不轻佻,符合商务笔记本用户的气质和品味。而作为ThinkPad标志性的TrackPoint指点设备,采用了红色设计,与黑色主体对比强烈,个性十足。IBM的IT设备都以黑、红、蓝三色进行搭配(图3-39,图3-40),形成了独特的色彩风格。

图3-35

图3-36

图3-37

图3-38

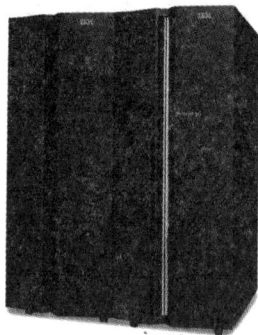
图3-39

图3-40

3.2.3　产品定位决定色彩的选择

色彩除了用作企业的标志以及产品的标志设计以外,从另一方面来看,往往产品的定位基本决定了产品色彩的范围。以汽车色彩设计为例,本田的经典车型雅阁(图3-41),主要定位于商用,在车身颜色上没有鲜艳的色彩设定,以素色为主,与奥迪A6的色彩设定很相似,因为A6也是同样的设定,只是定位更高一些。与前者设定不同的是马自达汽车的经典车型马自达6(图3-42),其定位为运动型家轿,其色彩设定就要丰富许多了。

3.2.4　产品色彩是吸引客户的有效武器

丰富产品的配色种类是吸引客户的有效方式,据国际流行色协会调查数据表明:在不增加成本的基础上,通过改变颜色的设计,可以给产品带来 10% ~ 25% 的附加值。

图 3 - 41

图 3 - 42

案例:DeWalt

1843 年,弗雷德里克·史丹利在美国开创了史丹利公司的前身,发明了众多直到今天仍然广泛使用的五金工具产品,如卷尺。170 余年历史的史丹利百得,已经成长为一个世界性的,具有高度信赖感的,高价值的全球品牌,并成为全世界最大的工具产品的制造商,旗下拥有包括得伟(DeWalt,图 3 - 43)在内的多个一线工具品牌。黄、黑色调是得伟电动工具和配件的标准色,无处不在的黄、黑搭配,强化了企业形象和产品形象,增强了企业的辨识度,增加了人们对其产品的印象。

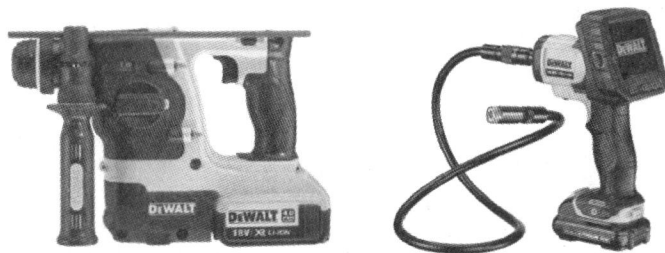

图 3 - 43

3.2.5　产品色彩设计的基本原则

1. 主从原则

一般来说产品色彩设计的主从原则有三种形式:①主体用一种颜色,细节用其他颜色作为点缀(图 3 - 44,图 3 - 45);②选用同色系色彩区分不同的部分(图 3 - 46);③仅用一种颜色体现产品个性(图 3 - 47)。

图 3 - 44

图 3 - 45

图 3 - 46

图 3 - 47

2. 平衡原则

平衡一般指色彩深浅、明暗组合的平衡,通常的规律是上浅下深(图 3 - 48)、前浅后深(图 3 - 49)。需要注意的是通过色彩的搭配能够给用户形成视觉或心理上的平衡(图 3 - 50,图 3 - 51)。

图 3 - 48

图 3 - 49

图 3 - 50

图 3 - 51

3. 呼应原则

色彩设计的呼应有两种主要形式:①同一产品不同部位采用同色或同一色调的颜色(图 3

－52）；②同系列产品相同部位采用同一种颜色（图 3 － 53）。

图 3 － 52

图 3 － 53

3.3　产品设计中的形态要素

　　产品形态作为传递产品信息的主要要素，它能使产品内在的品质、组织、结构、内涵等本质因素转化为外在表象因素，并通过视觉使人产生一种生理和心理的过程。"形"是指产品的物质形体，对于产品造型指产品的外形；"态"指可感觉的产品外观情状和神态，也可理解为产品外观的表情因素。对于设计师而言，其设计思想最终将以实体形式呈现，即通过创意的视觉化，用草图、示意图、结构模型及产品实物形式加以表现，达到体现设计意图的目的。因此可以说，工业设计是作为艺术造型设计而存在和被感知的一种"形式赋予"的活动。形的建构是美的建构，而产品形态又受到工程结构、材料、生产条件等多方面的限制，工业设计师只有在更高层次上对科学技术和艺术进行整合，才能创造出可变而多样化的产品或创意；只有准确地把握形和态的关系，才能求得情感上的广泛认同。工业设计师通常会利用特有的造型语言进行产品形态设计，并借助产品的特定形态向外界传达自己的思想与理念。

　　产品造型是工业品设计中的重要方面，它贯穿于产品设计和产品制造的全过程。工业设计师在进行产品设计的过程中总是以产品的造型设计作为先导，而产品的形态是产品样式与功用最直观的反映，并且任何材质色彩都依附于形态，因此形态是产品设计的基础，也是设计的重点。形态一般可以分为现实的形态和概念的形态两大类（图 3 － 54）。

　　现实形态一般指自然形态，是自然界固有的形态。概念形态包含了抽象形态和仿生形态两大类。抽象形态是人类形象思维的高度发展进而对自然形态中美的形式进行归纳、提炼而发展形成的，充分地表现出人的各种情感。抽象形态又分为几何形态、自由形态和偶然形态：①几何形态给人以条理、规整、庄重、调和之感。②自由立体形态表现出柔和、富有弹性、圆润、饱满。③偶然形态是一些物体在自然界偶然发生或遇到的形态。这些形态具有一种无序和刺激的感觉,能够给人一种新的启示和联想,可以说这种形态更具魅力和吸引力。仿生形态是人类模仿自然界中具有生命力和生长感的形态而进行重新创造的形态。自然界中有许多形态是由于物质本身为了生存、发展与自然力量相抗衡而形成的。人们从中得到启发,进而模仿、创造出更适合于人类自己的形态。如植物的生长发芽,花朵的含苞、开放都表象出旺盛的生命力,给人以一片生机;动物的运动表现出力量、速度等(图 3 – 55)。

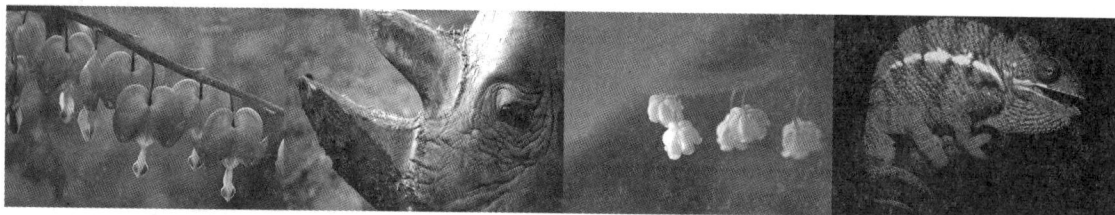

图 3 – 54

图 3 – 55

在现代造型观念中,产品形态因素有了更为主动和积极的意义,它不是功能的被动再现,而是积极引导人们去主动把握潜藏于形态之内的产品内在性能的参照和导向系统。产品造型设计特征最终的表达也需要具体的形态作载体,因此想要研究产品造型的处理方法必须掌握基本的形态设计要素并能够灵活运用。从设计形态学上来说,产品造型设计不仅依靠造型的整体感,产品细节造型特征更需要仔细推敲和研究,如果没有这些细节特征起到起承转合的作用,那么产品造型的整体感和连续性也就无法得到保证(图 3 – 56)。通过对产品形态的设计使产品的形态具有指示性、识别性、操作性、亲和性等属性,不仅能够传达"这是什么,能做什么"等反映产品功能属性的信息,还能慰藉人们的心灵,让人们在纷繁的生活中得到精神上的满足。产品丰富的造型特征赋予了产品更多的外在魅力,也完善了产品的实际功能。

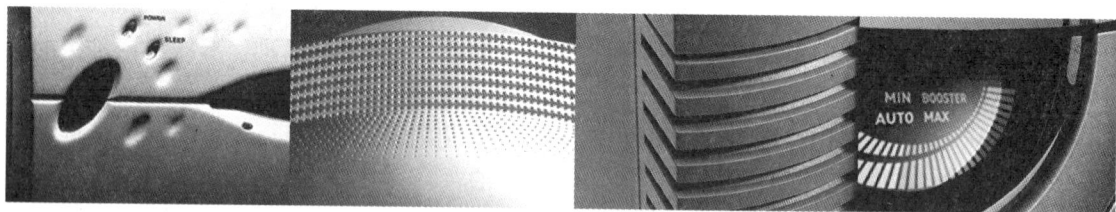

图 3 – 56

3.3.1 产品形态设计中的点、线、面

点、线、面是支撑产品形态的基础,对产品形态的研究必须以它们为基础。人们对产品形态及隐含寓意的理解是通过实践上升为知识和概念的,人类对于水平线、垂直线、斜线的认识可以说明这一点。由于人的视觉依赖于大地作为参照物,所以对水平线与垂直线的视觉把握要比倾斜线的信息精确得多,因而相对斜线视觉易于把握水平线与垂直线;由于人双眼的水平视域比

垂直视域要广阔,人的视觉对垂直线更敏感,垂直的增加比水平的增加更易形成超过人感觉上难控制的尺度,因此常用水平直线表达安定、平和、均衡的造型语义主题,用垂直线表达显赫、权力、威严等形态语义主题,斜线则表达动势、活泼深邃的意象。因此点、线、面表现形式不同带给人们的心理感受也不同,并且这些点、线、面的元素会给人带来丰富的心理联想(表 3 -1),在产品形态塑造的时候灵活运用、组合这些基本元素可以为产品的造型增色许多。

表 3 - 1　形态的心理联想

线形	直　线	刚直、坚实、明确(男性气质)
	曲　线	优雅、柔和、轻盈(女性气质)
	折　线	节奏、动感、焦虑、不安
方向	垂直方向	高洁、权威、庄严、肃穆、向上、强力、崇高、伟大
	水平方向	平静、和平、永久、舒展、疲劳、死亡
	斜角方向	生动、活泼、惊险、危机
平面形	几何直线形	简洁、明了、确实、有力、秩序、呆板、机械、生硬
	自由直线形	强烈、锐敏、直接、明快、生动、杂乱
	几何曲线形	明了、自由、确实、高贵、呆板、生硬
	自由曲线形	优雅、魅力、柔和、丰富、无秩序、散漫
立体	粗	丰富、亲切
	中	安定、稳重
	细	轻盈、活泼、动感

1. 产品形态中的点元素

点在几何学的概念是只有位置,没有形状和面积的大小。产品形态设计中的点,不仅占有位置,也有形态与大小的区别,或作为产品表面处理的手法或作为造型识别的要素(图 3 -57)。

图 3 -57

点的形状通常有圆形、椭圆形、方形、尖状形、圆方组合形等(图 3 -58),具有明确的中心、标量、集中、醒目的特性。不同形状、大小的点给人不同的视觉感受、情感象征。

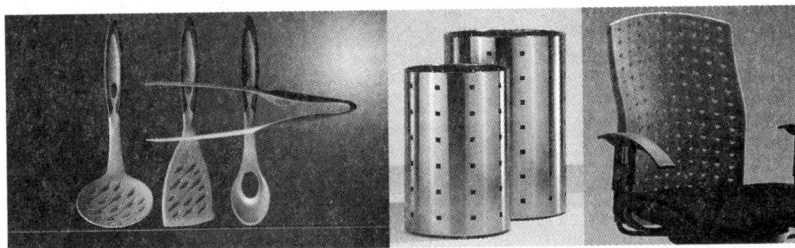

图 3 -58

点是产品形态塑造中不可或缺的重要元素,在形态设计中采用点作为设计元素,用重复、渐变、对比、组合等变化手法(图3-59)可以构成生动活泼的节奏和韵律变化的效果。

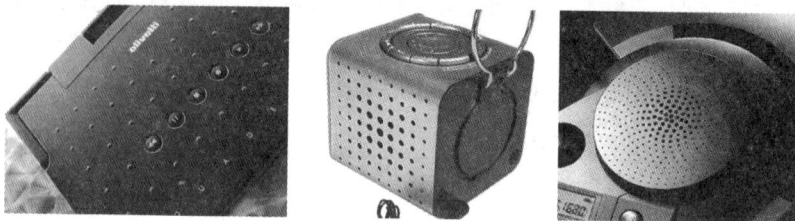

图3-59

2. 产品形态中的线元素

线为点的运动轨迹,点的不同方向运动构成了直线、曲线、折线等。线为一切形象的基础,是决定形态基本性格的重要因素,也是设计师的重要设计语言。直线表示力量、稳定、刚强;曲线表示优美、柔和,给人以运动感(图3-60);折线表示转折、突然、断续,折线形成的角度给人以上升、下降、向前等方向感。波线形是能够创造美的线条,蛇线形是富有吸引力的线条。粗实线显得厚重、强壮;细实线显得敏锐、轻巧;垂直线显得端庄、严肃;水平线显得稳定、庄重;斜线显得运动、发散;几何曲线显得理智、丰满;自由曲线显得奔放、丰富。

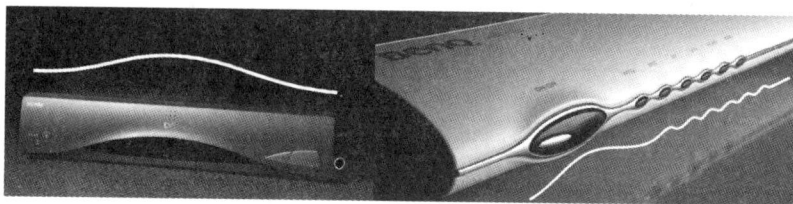

图3-60

不同的线型用于产品形态塑造的时候,应依据不同的形态设计的目的,发挥不同线型的特征,进行合理的组合,创造理想的形态。如直线与曲线的组合,产生方中带圆、圆中见方、刚柔并济的视觉美感;粗实线结合细实线产生轻便、灵巧之感等。在产品设计中,线形一般产生于产品的轮廓或是面与面的交界处、拼接处,起到了分割、组合的功用。如手机键盘设计中存在着多种多样的线形分割样式(图3-61)。

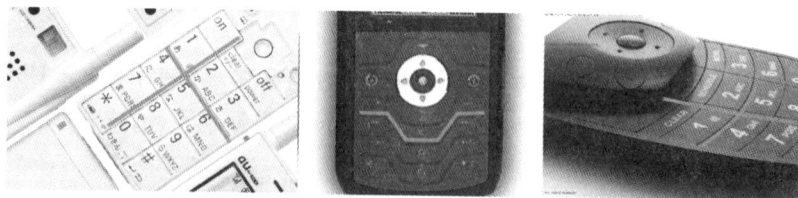

图3-61

3. 产品形态中的面元素

面为线运动的轨迹。直线平行移动形成方形面,旋转运动形成圆形面,摇摆移动形成扇形。不同的线围合成不同面的形状,面的形状有几何形、不规则形、有机形、偶然形等。面具有分割空间的作用,面的切割又可以获得新的面,不同形状的面表现出不同的情感特征给人不同的视

62

觉感受。例如,曲面形态给人以柔美的感觉;直面形态则给人以阳刚之气。又如,正方形的规矩、朴实、庄重之美,长方形的匀称、端庄、和谐之美,三角形的稳定、锋利、向上之美,梯形的含蓄、生动之美,椭圆形的流利、圆润之美,圆形的充实、完整、柔和之美等。

在产品形态处理中,面的功用主要是塑造主体形态并进行连接过渡。物体上的面与面为直接转折,没有其他面来做过渡,表现为棱角清晰、轮廓线肯定,给人以尖锐、规整、明确、有力、突出、锋利的感觉,令人生畏,缺乏亲近感,如雷克萨斯的 NX(图 3 - 62)与凯迪拉克的 SRX(图 3 - 63)的表面都采用了钻石切割的设计,硬朗而犀利。如果整体形态用曲面处理,就会产生优雅、柔和、亲切的感觉,如奔驰 C 级(图 3 - 64)与英菲尼迪 Q50(图 3 - 65)的表面所采用的圆润的曲面处理。

图 3 - 62

图 3 - 63

图 3 - 64

图 3 - 65

3.3.2　产品形态的重要意义

如同对色彩一样,消费者对产品形态也具有喜好上的倾向性,有人喜欢圆润、流线的造型,有人喜欢犀利、硬朗的形态。形态具有强烈的符号性,产品特征形态有助于消费者识别产品品牌或理解产品的使用方式。社会进入知识经济时代,随着科学技术的突飞猛进,企业竞争日趋激烈。在巨大的竞争压力下,有的企业脱颖而出、绝处逢生;有的企业,甚至是曾经享有盛誉的名牌企业,却每况愈下、日薄西山,直至倒闭,一个重要原因是这些企业因循守旧、缺少创新,无法使自己的产品成为具有特色的品牌产品。因为"独特性"是产品的生命,也是企业的生命,对"独特性"的追求是消费者与生俱来的天性。

在现代社会大规模生产的背景下,虽然社会各个阶层都享受到了社会进步带来的生活改善,但普通消费者真正得到的,仍然只是对基本物质的满足而已,人们免不了要进一步追求精神生活。在经历了物质生活充分满足的时期后,精神生活必然会成为构筑人类生活环境的发展方向。著名的心理学家亚伯拉罕·马斯洛认为:人的需要分为五个层级,由低到高排列依次是生理需要、安全需要、归属与爱的需要、尊重的需要和自我实现的需要。生理上的需要是人类最原始、最基本的需要,包括衣、食、住、行。它是所有需要的基础,是不可避免的最强烈的需要,推动人们行为发展。安全需要是更高一级的需要,当生理需要得到满足以后就要保障这种需要,具体指劳动安全、职业安全、生活稳定、希望免于灾难、希望未来有保障等。归属与爱的需要是对友情、信任、温暖和爱情的需要,具体是指个人渴望得到家庭、团体、朋友、同事的关怀与理解。尊重的需要包括自我尊重、自我评价以及尊重别人。自我实现的需要是最高等级的需要,意味着充分的、活跃的、集中全力的、全神贯注的体验生活、展现自我。现在大家总有这样的感觉,虽然说是"一分钱,一分货",但如果是一分钱换回的一分货,对消费者没有什么用处,大家也会觉得这一分钱花得也很冤枉,觉得不值,尽管获得了价值成本,却损害了愉悦的心情;但如果这一分货能带来非常好的用处,那么我们就会觉得这很值,哪怕这一分货花了两分钱,心情也非常愉悦。这里的"值"指的是一种超越了物质的满足感,尽管这样的满足感依然需要通过实实在在的产品去体现,这是一种精神上的满足感。就设计的整体发展而言,人们已经在感官接触的追求和心理感应的基础上,强烈地表现出了反数字化、偏好模糊化的审美倾向,而这种审美倾向又是建立在产品的实用功能的基础上的。借助产品形态设计的表现,去追求更具人性化的、更有情感性的、更加生命化、能够展现消费者个性的商品表现形式会极大地成就消费者物超所值的满足感,成就其自我实现的需要。

现今的消费市场已经从卖方市场转为了买方市场,消费者的需求在不断发生变化,消费个性化的特征日趋明显。随着消费个性化需求的出现,产品个性化的问题已摆在了企业面前。现今市场上已经很难看到某种产品独占鳌头的局面,更多情况下消费者面对的是造型、功能、价格相类似的不同厂商的产品。现在的消费者都希望获得与众不同的产品或服务,是否具有独特性已成为他们选购产品的一个重要标准。因此,在当前的市场环境下,了解消费者,细分他们的需求,为他们提供个性化的产品,已成为产品设计在未来发展中需要关注的首要问题。产品的个性化特征表现一般是对某一造型构成要素在线型、色质、结构、位置等方面进行独特的设计,使产品具有相同或类似的识别要素,在企业产品上重复出现与强化,对消费者产生明显的视觉刺激作用,形成统一而连续的视觉印象。这些特征越是强烈就越有利于在消费者心目中形成记忆特征,甚至成为企业形象的第二标志,使消费者通过产品外观就可以准确判断出企业品牌。产品特征形态已经成为企业产品特色和品牌的重要标志,但凡品牌产品,都十分注重产品形态特色的打造,通过产品形态可以帮助消费者迅速识别产品特征,建立产品概念,并且可以传达产品的理念、技术含量、工艺水准等信息。例如,沃尔沃车系的尾部特征线已经成为沃尔沃的重要标志之一(图3-66)。

图3-66

　　产品个性特征通过造型设计得以实现一般有两个途径。首先是企业历史文化沿革形成的某种造型符号,如保时捷汽车的前大灯设计(图 3 – 67),从早期型号一直到最新的技术概念车型基本都保持了连续的造型特征,宝马汽车的双肾形进气格栅造型(图 3 – 68)也同样体现了这种企业历史的文脉关联,其优势在于这种个性化造型的文化意义具有排他性,使其他公司无法仿制(图 3 – 69)。

图 3 – 67

图 3 – 68

图 3 – 69

　　其次是根据时代的审美意识与价值理念,结合产品的内在属性,设计一些符号化的要素作为产品的特征要素,赋予产品全新的个性化特征。例如纯净极简的设计风格已然成为苹果电脑公司的独特设计语言,其时尚的、新鲜的个性形象不仅赢得市场的广泛认可,更传递出苹果公司求新求变、新潮前卫的设计理念。而 IBM 一脉相承严谨务实的商务形象也深入人心,黑红蓝的色彩搭配、硬朗的边角线条、熟悉的 IBM 标志,每一个小细节无一不显示出 IBM 的家族气息,堪称时代的经典(图 3 –70)。

图 3 – 70

产品形态设计可以提升企业产品系列化的能力。产品的系列化设计是指把具有相关联的、成套的产品设计成具有相同的造型要素或相似的要素,称为系列化设计。产品造型设计对产品系列化而言有两种意义:①通过产品造型设计可以强化产品局部的特征要素,使之更加鲜明地反映产品的"家族"属性,如飞利浦系列时钟顶部的蝴蝶造型(图 3 – 71);②在产品整体造型变化不大的情况下对产品局部进行改动,使之与原有产品有所区别,达到丰富产品线的目的,如北美版 MAZDA6 与中国大陆发行的版本仅在进气口处有一些变化就显得更加运动一些(图 3 – 72)。

图 3 – 71

图 3 – 72

3.3.3 产品形态的设计的一般方法

1. 移植法

移植法是指把一个产品造型特征应用到另外一个产品中去,这种方法有借鉴的意味,而且在产品设计中屡见不鲜(图 3 – 73)。

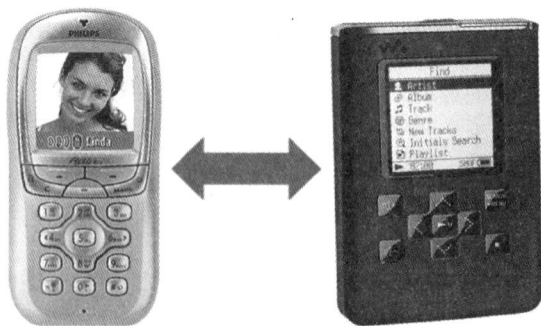

图 3 – 73

2. 增加

增加是指把一个产品加入一些其他的造型元素,增加的这些元素使产品原有造型更加丰满、生动、更具表现力(图 3 – 74)。

图 3 – 74

3. 减少

减少是指把一个产品的造型去除一些多余的、不必要的造型元素,使造型显得简洁、大方、实用(图 3 –75)。

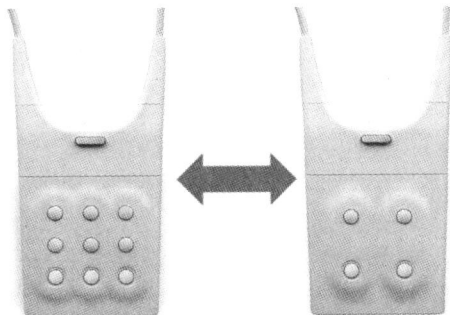

图 3 – 75

4. 放缩

放缩是指把一个产品的造型在体积上按照一定的比例扩大或缩小,使造型更加突出更有张力或显得更加精致细腻。

5. 替换

替换是指把一个产品的造型或结构根据设计的需要替换成另外的形式,使造型形式多样、结构更加合理。

3.3.4　产品细节形态设计分析

1. 产品细节设计中的凹与凸

凸起,表现为一种向外推进的性能和积极扩张、富有张力,有隆起腾达之势。凸起的形式,呈现出一种积极的姿态,给人以兴奋、充实、伸展、迎接、丰富的喜悦感。从功能上来说,凸起表现为可操作的功能形态。凹进,表现为一种被动和接受的姿态,有降落、隐蔽之势。凹进的形式呈现出一种由扩展、充满、紧张到放松、释然的状态。凸与凹作为产品细部设计常见的表现语言,有自己的特性。凸为主凹为次;凸为实,凹为虚;凸为强、凹为弱。凸与凹形成对比,产生丰富、活泼而强烈的美感。在产品细部设计中凹与凸的形态运用十分广泛,而且与点、线、面的结合相当紧密。凸起的点:如按钮、按键、小指示灯、小旋钮、小装饰凸球面等;凹进的点:小插孔、小灯孔、小孔、小凹球面等。凸起的线:凸起的方条、凸起的半圆条、按键联合成条等;凹线:凹槽等。凸起的面:局部凸起的功能面、大旋钮等;凹进的面:局部功能面凹进、大凹孔等。

按键是产品细节设计的一个方面,凸起是常用的表现形式,示意性也最强(图3-76)。按键的设计一般要根据按键的功能来确定按键大小、排列形式及凸起程度等,具体的形态则需要根据不同的设计定位来具体设计,要求能够融入产品的整体造型,同时满足人机工程学的要求。

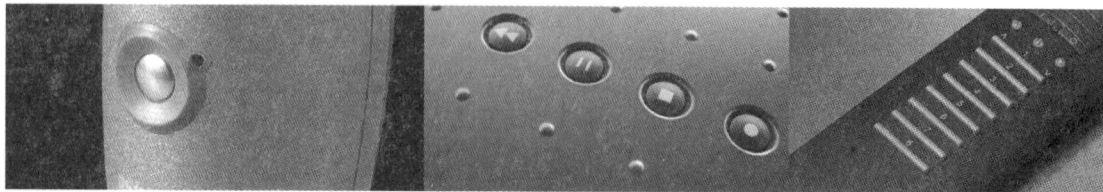

图3-76

在产品表面细密的小凸起或是凹面有时不仅仅是装饰,更蕴藏着粗糙、摩擦力较大、抓握不易滑落等含义,所以在有些产品的表面局部或整体处理成细密的凹面或凸起有暗示易抓握的用意,有的则在旋转结构的表面作类似的处理,暗示易抓握和旋转(图3-77)。

图3-77

这些产品细节的凹与凸的形式都是比较大的概念,还有更细小的形式。比如大部分按键的表面有微凹或者微凸的设计,与人指端部的微凸形态形成了呼应,暗示了该键可以按的操作性(图3-78)。

图3-78

凹凸形态的运用很广泛,如旋钮的造型利用周边侧面凹凸纹槽,不仅暗示了旋转的使用方式,还能通过纹槽的多少、粗细、疏密反映出旋钮是精细的微调还是大旋量的粗调(图3-79);很多台灯的颈部被设计呈弹簧状的凸凹,暗示了其可以弯曲调节的功能。许多推进式的结构上设计有细线状的突起物,从而提高了手的敏感度并增加了摩擦力,如电动剃须刀的开关设计就是如此(图3-80)。甚至有些虚拟设计中也应用这样的形态暗示其可拖拽性,如网页浏览器边上的拖拽栏。

图 3 - 79　　　　　　　　　　　　　　　　　　　　图 3 - 80

2. 产品细节设计中的疏与密

产品细节的疏与密是相对的概念,反映在具体产品上的时候主要体现在依附于产品表面的组件或是纹理的疏密形式上。疏,表现为松散、放松之感;密,表现为密集、收敛之意。"密"的关系给人一种紧张感、窒息感和厚度感。而"疏"的关系给人一种空间感、轻松感和秩序感。这两种关系互动才能产生和谐的气氛。我们在产品的局部处理中常常会用到疏密的排列形式,通过调节局部组件或纹理的疏密程度达到调节视觉平衡或方便操作的设计目的。产品表面常见的疏密形式有按键的排布(图 3 - 81)、散热孔的疏密(图 3 - 82)等。

图 3 - 81　　　　　　　　　　　　　　　　　　　　图 3 - 82

3. 产品细节设计中的规则与不规则

产品细节的规则主要体现在对称与均衡能够取得良好视觉平衡的基本形式上。对称和均衡是取得良好视觉平衡的两种基本形式。对称形式造型能够产生庄重、稳定、可靠的感觉效果,具有一定的静态美和条理美。但对称形式易使人的视觉停留在对称线上,产生静止感和生硬感,在心理上易给人以单调、呆板的感觉。细部均衡处理效果好的产品具有灵巧、生动、轻快的特点,富于趣味、变化,能取得生动感人的艺术效果。例如电器上的按键、指示灯等采用均衡形式排列,既富于变化又具有视觉的条理美、秩序美(图 3 - 83)。

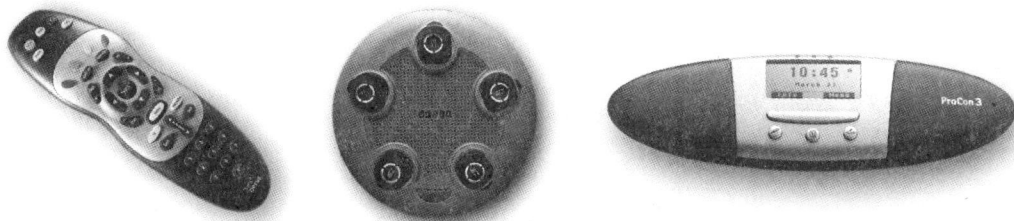

图 3 - 83

产品细节的不规则主要指一些相对的无序、不对称等形式,产生了一些对比的视觉效果。这样的设计一定程度上避免了形式的程式化,不但使产品局部变化更富活力,而且令人们的视觉感受更加丰富。规则中的不规则、不规则中的规则相互交错形成对比,则更能产生更加丰富的产品细节效果(图3-84)。

图3-84

3.4 产品设计中的人机要素

3.4.1 产品人机要素定义

产品设计中的人机要素指在产品中人机工程学的反映。人机工程是研究"人—机—环境"系统中人、机、环境三大要素之间的关系,为解决人的效能、健康问题提供理论和方法的科学。"人"是指使用者和作业者,正在和"机"发生作用的人;"机"的定义是广义的,它不仅包括机器、设备,还包括了与人接触的任何人造物;"环境"可以看作人机交互的背景;"系统"由相互作用、相互依赖的若干组成部分结合而成的具有特定功能的有机整体;人的效能是人按照要求完成某项作业时表现出的效率和成绩;人的健康是一个广义的概念,它不仅指生理也指心理健康。

3.4.2 产品人机的研究方向

产品设计中的人机设计主要有三个研究方向:①产品人机工程设计,指在设计过程中全面考虑使用者心理、生理状态,从安全、便利、舒适等角度进行优化设计,如鼠标设计需要注意鼠标形态设计,自行车设计需要注意车把手设计(图3-85);②产品交互界面设计,如各类操作界面设计、手机交互界面设计(图3-86);③人机效率研究与设计,主要有两个研究重点,一是将设备的性能与人的能力平衡,二是将生产作业的流程优化。

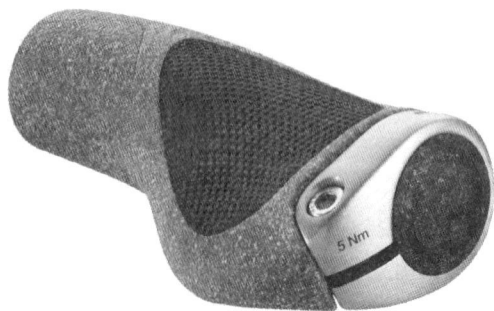

图3-85

图3-86

3.4.3 产品设计中的人机要素

产品设计中通常遇到的人机问题有:①产品形态及空间尺寸或局部尺寸;②产品操作的安全性、可靠性、方便性及舒适性;③产品人机设计对人们生理与心理的影响。

1. 产品形态及空间尺寸或局部尺寸包括包括人机操作尺寸、尺寸设计参数,比如产品的大小、操作空间、操作高度等,如地铁自动售票机尺寸的参数设定(图3-87)。

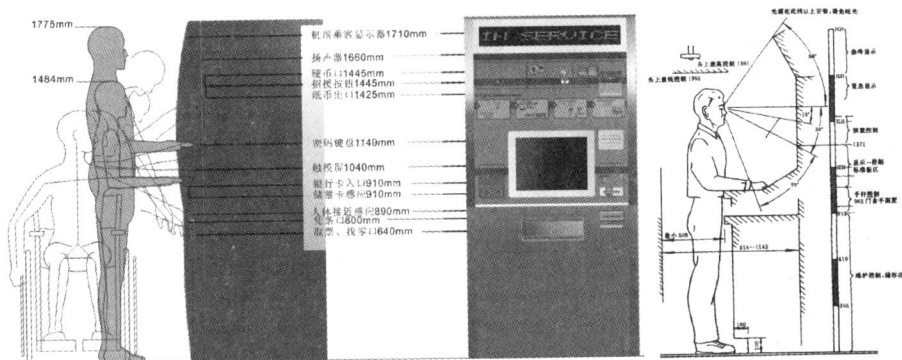

图 3-87

2. 产品操作的安全性、可靠性、方便性及舒适性主要体现在产品的操作性设计上。安全可靠是人机设计的第一准则,其次才涉及方便性与舒适性,比如手持工具设计(图3-88,图3-89)。

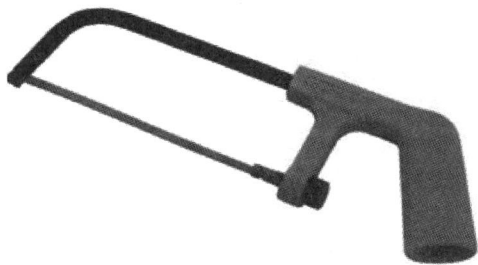

图 3-88

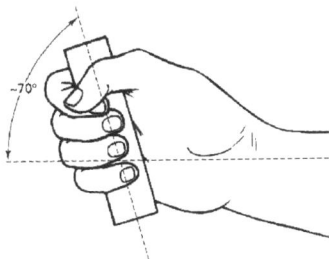

图 3-89

3. 人机设计对产品使用过程中人们生理与心理影响也很重要。生理健康指设计需要符合人们的生理特点,从产品形态设计的角度予以配合(图3-90,图3-91);心理健康指的是好的产品应当帮助人们构建好的使用场景获得良好的心理体验。

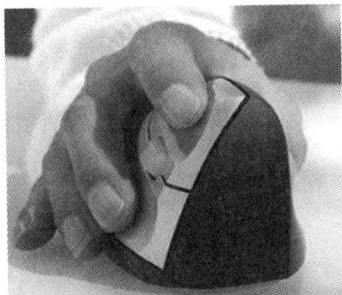

图 3-90

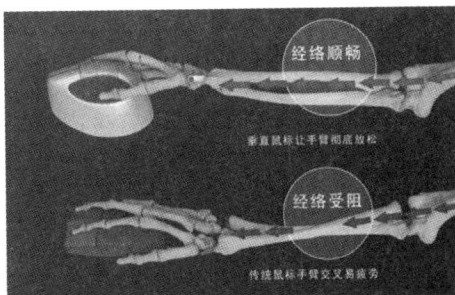

图 3-91

例如,亚马逊推出的全新 Kindle 电子书阅读器 Paper White(图 3 – 92,图 3 – 93),以阅读文字类书籍为核心定位,尺寸设定为 169mm × 117m × 9.1mm,虽然没有 iPad mini2 那么薄,但大小却相当合适,既考虑到了屏幕尺寸对文本内容排布的影响(6 英寸,受到便携性的束缚,移动互连产品屏幕的尺寸一般不会太大,如目前主流平板电脑尺寸为 7 ~ 10 英寸,智能手机为 4 ~ 6 英寸),又便于以任意姿势长时间的抓握,虽然材质所用工程塑料不及 iPad mini2 那么有视觉上的质感,但 206g 的质量却相当合适,产品层次设计丰富,背壳侧边采用弧形设计并使用了橡胶材质包裹,很好地顾及了抓握的感受。

图 3 – 92

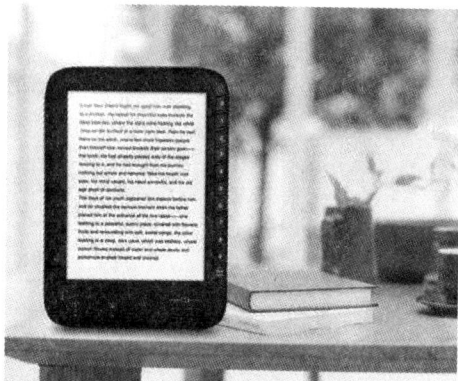
图 3 – 93

3.5　产品设计中的功能要素

产品的功能要素集中体现了产品设计的易用性原则。作为有明确目的性的产品,其功能的合理性与使用的方便性决定着产品的存在方式是否必要、是否适宜。功能设计在合乎易用原则的基础之上才能进一步探求产品的适用、创新与致美原则,否则设计将成为无本之木、无源之水。当今的产品设计中,形式、功能和技术被认为是产品构成的三大要素,产品形式本身就是作为产品功能的一种反映而存在。而在产品设计这一极具创造力的活动中,功能是一件产品最重要的本质所在。

3.5.1　产品功能的意义

产品设计主要是为了实现产品的功能需求而进行的创造性活动,产品是功能的承载者、是信息传递的载体,而功能又是通过物质实体实现的,因此产品是由功能要素和构成物质实体的其他要素的组合体,产品失去了功能也就失去了存在的价值和意义。消费者的消费需求是功能而非具体的实物,功能要素是产品的基本的要素。

3.5.2　产品功能的体现

1. 实用

实用即是通过将设计思想转化为设计物,以满足人的种种物质需要,重在体现设计物的实用价值。产品设计是艺术与科学技术合二为一的载体,产品设计师必须考虑到商业性相关的目的和实施手段,也就要求设计师优先考虑产品在核心功能即实用功能上的设计,例如,微软 Surface Pro 后面的支撑盖板设计(图 3 - 94)完全是为了满足功能上的需要。

图 3 - 94

2. 认知

认知即通过视觉、触觉、听觉等感觉器官接受来自事物的各种信息刺激,形成整体认知,从而产生产品的整体概念。

3. 象征

象征功能传达出设计物"意味着什么"的信息内涵,如一辆汽车的豪华程度不仅表现了它在实用功能方面的进步和完善,同时还是汽车使用者经济地位和社会地位的象征。

4. 审美

审美即设计物内在和外在形式唤起的人的审美感受,以满足人的审美需求,体现了设计物与人之间的精神关系。物在使用过程中是否能唤起人的美感是判断其是否具有审美功能的依据。

在任何一个产品的设计中实用功能、认知功能和审美功能互相渗透、互相联系,不能截然割裂,由于设计目的的差异,它们凝聚于设计中的份额有所不同。比如宝马旗下的 MINI 品牌系列汽车内饰设计,除了具有一般 BMW 的品牌特质如精致、朴素,还显示出其精巧活泼的独特品质(图 3 - 95,图 3 - 96)。

图 3 - 95

图 3 - 96

3.5.3　产品功能的主要类别

1. 使用功能与精神功能

使用功能是产品的使用目的和特殊用途,是产品解决问题的功用。精神功能是满足人们的审美需求,影响使用者心理感受和主观意识的功能,它是通过产品的造型、色彩、材质、技术性能等因素影响人的感受,对产品产生高技术感、美感、高档感、时尚感等感受。

2. 主要功能与次要功能

主要功能是指使用产品完成主要目的所应具有的相关功能,是产品的最基本的功能,是产品存在的基础。次要功能是辅助产品更好地实现主要功能而存在的功能。产品的主要功能相对稳定,而次要功能往往多变且不确定,应视具体需求而定。不过有时产品的主要功能与次要功能比较难区分,如对于墨镜,遮阳功能与装饰功能就无法区分主次。

3.5.4 产品功能设计

产品功能设计就是按照产品定位的初步要求,在对用户需求及现有产品进行功能调查分析的基础上,对所定位产品应具备的目标功能系统进行构建的创造活动。功能设计是功能创新和产品设计的早期工作,是设计调查、策划、概念产生、概念定义的方法,也是产品开发定位及其实施环节,体现了设计中市场导向作用。可以采用用户设计和专业设计或二者结合的方式。产品的功能设计是以消费者的潜在需求和功能成本规划为依据,是市场细分和产品定位理论的深化,市场细分有多种方法,但归根结底都是以功能细分的,如咖啡机(图3-97)与豆浆机(图3-98)的功能定位完全不同。功能设计的内容包括市场调查、设计调查与产品规划、功能组合设计、功能匹配设计和功能成本规划四部分。

图 3-97

图 3-98

3.6 产品设计中的结构要素

3.6.1 产品结构的意义

结构是产品各部分要素的联系,产品的结构是功能与形式的承担者,产品的结构设计受到材料、工艺、技术、环境、使用等相关因素的影响。产品的内部结构通常不与人发生直接的关系,产品的外部结构通常与人发生直接的关系,它是产品功能的外部体现,是形式的承担者。

3.6.2 产品设计常见结构

一般来讲产品结构可分为外部结构、核心结构和空间结构三大类。外部结构,是指通过材料和形式来体现产品的整体结构;核心结构,是指由某项技术原理系统形成的具有核心功能的产品结构;空间结构,是指产品与周围环境相互联系、相互作用的关系。对于产品而言,功能不仅仅在于产品的外部结构、核心结构,也在于其空间结构本身,它们都属于产品的结构形式。结构形式不同传达的信息不同,它直接影响着产品的使用方式与精神功能的实现,从工业设计的角度来说结构设计是无法回避的问题。

1. 功能外观一体结构

有一类产品,功能与外观结合在一起,产品外观就是结构,这类产品常见于生活类小产品,如筷子、马克杯、勺子、叉子、碗、削皮刀等。

2. 壳体结构

不论产品的造型是规则还是不规则,不论是塑胶产品还是金属产品,大多数产品都是封闭或半封闭的壳体结构,将核心功能部件围合,只将操作部分外露,通常以上下、前后结构居多,如手机、电话等。

3. 连接结构

连接结构是连接产品不同组成部分的关键,连接结构大体可分为两大类:一是连接与固定;二是旋转与移动。在产品结构设计中的连接与固定形式最常见的是螺纹连接、键连接、销连接、粘接;旋转与移动的形式最常见的有轴结构和推进(滑动)结构等。

1)连接与固定结构

(1)螺纹连接是一种广泛使用的可拆卸的固定连接,具有结构简单、连接可靠、装拆方便等优点,大部分的产品壳体通常都是通过螺丝连接组合在一起的(图3-99,图3-100)。

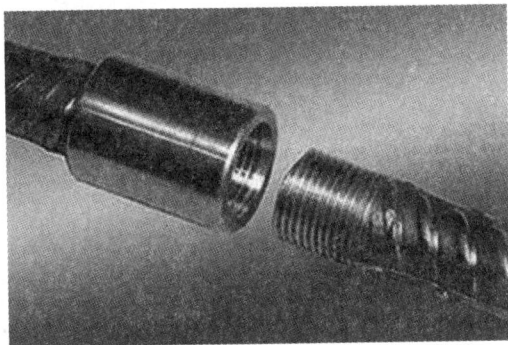

图 3-99

图 3-100

(2)键连接是通过键实现轴和轴上零件间的周向固定以传递运动和转矩(图3-101)。其中,有些类型可以实现轴向固定和传递轴向力,有些类型还能实现轴向动连接。

(3)销连接的主要作用包括连接、定位与安全保护,分为圆柱销(图3-102)和圆锥销、异形销(图3-103)。

(4)粘接是借助胶粘剂(图3-104,图3-105)在固体表面上所产生的粘合力,将同种或不同种材料牢固地连接在一起的方法。

图 3-101

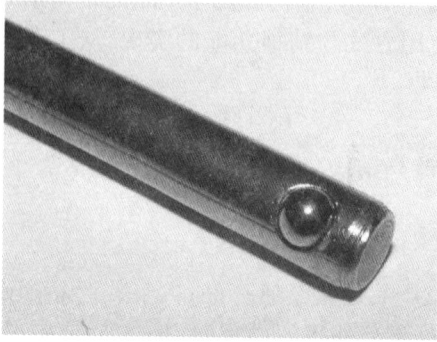

图 3 – 102

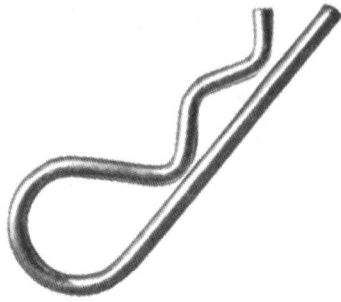

图 3 – 103

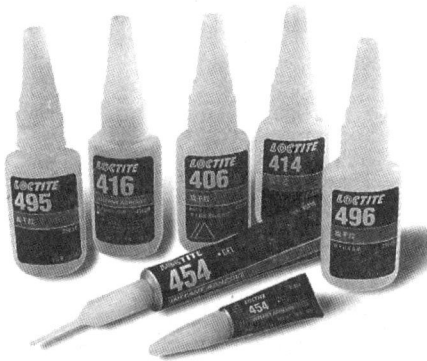

图 3 – 104

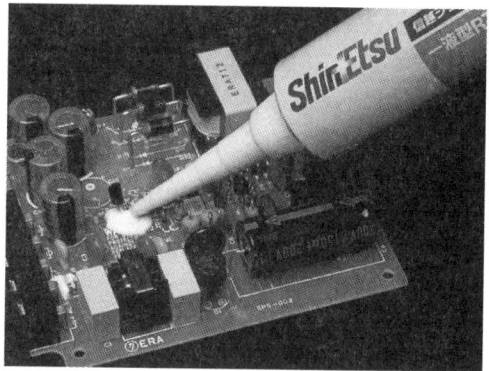

图 3 – 105

2）旋转与移动结构

轴结构常常给人以旋转的暗示（图 3 – 106）。

图 3 – 106

推进（滑动）结构的操作方式通常比较容易被理解，如卡片相机的镜头保护盖滑动结构（图 3 – 107）和曾经流行的手机滑盖结构（图 3 – 108）。

图 3 – 107

图 3 – 108

3）其他常见连接结构

连接结构需要满足以下要求：可靠、机构不复杂（方便维修）、便于理解和使用，同时这些结构需要根据产品具体造型选择使用。除了上面提及的两类结构，挂钩连接和摩擦配合连接也比较有代表性。

（1）挂钩连接比较常见，主要是依靠挂钩结构或是材料的弹性变形来实现连接与固定的目的，一般用在一些产品局部的打开、闭合，如电池盖、接口盖的边缘就有这样的小结构（图 3 – 109）。

图 3 – 109

（2）摩擦配合连接主要包括榫接、栓接等等。这类结构主要是依靠形态的啮合与材料之间的摩擦力或张力来实现连接与固定的效果。这种结构表达了明确的安装与拆卸的使用方式（图 3 – 110，图 3 – 111）。

图 3 – 110

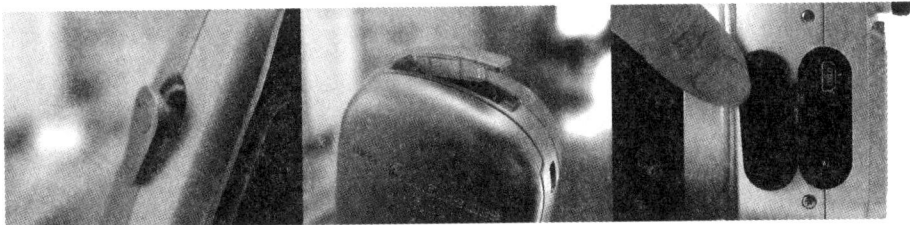

图 3 – 111

3.7　产品设计中的材质要素

从设计的角度来说，材料的质感、表面工艺强化了产品个性。选择合适的产品设计材料就是为了更好地表现产品主体，突出产品个性，所选择的材料要有相容性与产品主体的选材相适应，既有所区别又不至于太突兀与周边材料格格不入。在现代产品设计中选材单一的情况越来越少了,大部分产品都是由两种以上的材料综合运用的产物。

产品的造型与功能是依附于产品材料和形态而存在的,材料是指用于产品设计与生产的所有的物质,产品设计所涉及到的材料是十分广泛的,有天然材料与人工材料,单一材料与复合材料等,不同的材料有不同的性质和使用范围,材料的使用直接影响到产品的功能、形态、耐久性、安全性等特性。在产品设计中材料的选择是一个非常严谨的问题,材料的选择要遵循以下五个原则:①材料的性能应满足产品功能的需要;②材料应有良好的工艺性能,符合加工成型的要求和表面处理的要求,与现有的加工设备和工艺技术相适应;③选用资源丰富、价格便宜的材料;④尽量选用对环境和自然资源无破坏的材料;⑤紧随时代潮流,不断研究新材料新技术及时将新材料运用到产品设计中。

3.7.1 材质的含义

材质指的是材料的质感,材料的质感按人的感觉可分为视觉质感和触觉质感。材料的视觉质感是靠眼睛的视觉来感知的材料表面特征,是材料被视觉感受后经大脑综合处理产生的一种对材料表面特征的感觉和印象。材料对视觉器官的刺激因其表面特征的不同而决定了视觉感受的差异。材料表面的光泽、色彩、肌理、透明度等都会产生不同的视觉质感,从而形成材料的精细感、粗犷感、均匀感、工整感、光洁感、透明感、素雅感、华丽感和自然感。如果说过去的产品设计创意是以视觉要素的整合为中心,那么今后的发展方向则必须重视来自触觉感、重量感、温度感和嗅觉感等物理感官与产品产生的相互作用,尤其是在使用过程中基于整体感观产生的感性部分,对于产品设计来说材料的触觉质感显得更加具有触动性。材料的触觉质感是人们通过手和皮肤触及材料而感知材料表面特性,是人们感知材料的主要感受,尤其对于产品细部那些微小的材质元素,仅凭视觉的感知是远远不够的。一些产品所用材料由于外观表面进行了涂覆处理,外观无法感受真实材料的信息,只能感受到涂层的色彩、质感的感受信息,而真实的材料信息被掩盖。材料的触觉感与材料的表面组织构造的表达的方式密切相关,也就是材质的肌理。材质的肌理是指材质本身的肌理形态和表面纹理,是物体材料的几何细部特征。当我们在抚摸物体材料表面的组织构成时,就会产生对物体表面材质肌理的独特感觉,有些直接通过眼睛就可感受到,但手触摸时这种感觉就会更加强烈和具体,如织物、金属、塑料等材料之间的差别就很容易区分出来。不同的材料给人带来的心理感受是不同的(表3-2)。如汽车内饰设计,内饰采用真皮、胡桃木等装饰,人们能直接感受到材料的自然亲和力、温馨、舒适、高档、豪华等心理感受,使人们对该汽车产生好感和高质量的评价(图3-112)。

表3-2　各种材料的感觉特性

木材	自然、协调、亲切、古典、手工、温暖、粗糙、感性
金属	人造、坚硬、光滑、理性、拘谨、现代、科技、冷漠、凉爽、笨重
玻璃	高雅、明亮、光滑、时髦、干净、正气、协调、自由、精致、活泼
塑料	人造、轻巧、细腻、艳丽、优雅、理性
皮革	柔软、感性、浪漫、手工、温暖
陶瓷	高雅、明亮、时髦、整齐、精致、凉爽
橡胶	人造、低俗、阴暗、束缚、笨重、呆板

图 3 - 112

3.7.2　产品设计常用的材质

1. 金属材质

金属具有金属光泽,是热和电的良好导体,具有优良的力学性和优良的可加工性。金属的光泽源于材质对光的反射和折射令其具有与生俱来的工业感与科技感,显示出一种强烈的现代科技加工的美感,如南京欧爱设计公司设计的灯泡(图 3 - 113)。

2. 塑料材质

塑料是以天然或者合成树脂为主要成分,适当加入填料、增塑剂、稳定剂、润滑剂、色料等添加剂,在一定温度、压力下塑制成型的高分子有机材料。如 ZIBA 设计的惠普打印机(图 3 - 114)和沃克斯 99 迷你钉书机(图 3 - 115)。

图 3 - 113

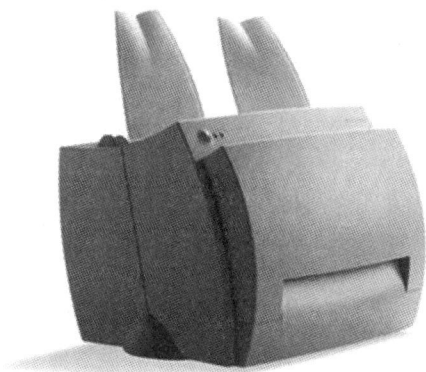

图 3 - 114

图 3 - 115

3. 陶瓷材质

用陶土烧制的器皿叫陶器,用瓷土烧制的器皿叫瓷器。陶瓷则是陶器、炻器和瓷器的总称。凡是用陶土和瓷土这两种不同性质的粘土为原料,经过配料、成型、干燥、焙烧等工艺流程制成的器物都可以叫陶瓷,陶瓷在现代产品设计中常用作制作餐饮器具、卫浴产品(图 3 - 116,图 3 - 117)等。

图 3 - 116

图 3 - 117

4. 玻璃材质

玻璃是一种又硬又脆的透明非晶体材料,具有良好的抗风化、抗化学介质腐蚀(氢氟酸除外)的特性。主要分为三类:软质玻璃、硬质玻璃和超硬质玻璃。还有三种规格的感光玻璃材料和建筑用特殊用途玻璃。如蜂蜜包装设计,外形为不规则钻石切割的多棱玻璃面设计,错落有致,质感华丽,让蜂蜜本身的晶莹剔透一览无遗,感觉蜂蜜更加甜蜜诱人(图 3 - 118,图 3 - 119)。

图 3 - 118

图 3 - 119

5. 木质

木材是由裸子植物和被子植物的枝干产生的天然材料,是人们生活中不可缺少的再生绿色资源。在设计中,可以充分利用木材的色调和纹理的自然美(图 3 - 120,图 3 - 121),连接方式多采用榫卯结构,不用钉子少用胶,既美观又牢固,极富有科学性,是科学与艺术的极好结合。

图 3 - 120

图 3 - 121

3.7.3　材质的肌理

　　材质的肌理是产品细部表现的利器。材料表面微元的构成形式,是使人皮肤产生不同触觉质感的主要原因,当人们触摸产品表面时对产品材质肌理的感受最为深刻,不同材质的天然肌理感差异较大(图 3 – 122)。同时材料表面的硬度、密度、温度、黏度、湿度等物理属性也是触觉不同反应的变量。表面微元几何构成形式千变万化,有镜面的、毛面的。非镜面的微元又有条状、点状、球状、孔状、曲线、直线、经纬线等不同的构成,产生相应的不同触觉质感。材料的肌理美,一是产生于材料内部的天然构造,其表现特征各具特色,如真皮制产品的表面处理,选用不同的动物的皮质,感受也不一样。羊皮表面的毛孔呈扁圆形,毛孔细小,排列成鱼鳞状,皮质柔软,很有弹性;猪皮表面的毛孔圆而且粗大,比较倾斜地深入皮革内,皮面显现许多小三角形,弹性较差。根据这些不同的肌理特征,它们也有各自的适用范围。二是在成品基材的表面上加工处理而形成,如经过喷涂、蚀刻或磨砂的金属板(铝、铜、铝合金和不锈钢板)和喷砂玻璃表面形成细密而均匀的点状"二次肌理"等。另外还有运用现代技术直接成型的各种凹凸肌理的材料。材质肌理如运用得当不仅可调节空间感、发挥材料组织的功用,还可使人们的视觉、触觉在微观中产生更多的情趣。

图 3 – 122

　　产品设计中常见的材质肌理构成形态及功用分析:

1. 颗粒状肌理

　　颗粒状的肌理一般在常用产品上应用较多,以细密的点状颗粒附着于表面,有耐用不易磨损的示意性。外表肌理颗粒的粗糙,对人皮肤的刺激明显,往往给人心理有一种耐磨、牢固的感受。例如某些测绘仪器、对讲机、相机等产品的侧表面,会设计一些粗糙的颗粒状肌理,主要用于增加抓握摩擦力和耐磨性(图 3 – 123)。外在肌理光滑细腻,对人的皮肤刺激较弱,使人产生柔和、亲切、触摸感好、易磨损的感觉。手机壳体多采用光滑细腻的表面处理,体现产品的精巧、纤细,暗示该产品须悉心使用(图 3 – 124)。塑料或金属材料比较容易加工成颗粒状肌理。

图 3 – 123

图 3 – 124

2. 条纹状肌理

条纹状的肌理一般在视觉和触觉上有方向上的导向性。金属材料加工后表面比较容易形成自然的条状纹理,作为产品局部材料时显得既现代又有质感(图 3 – 125)。

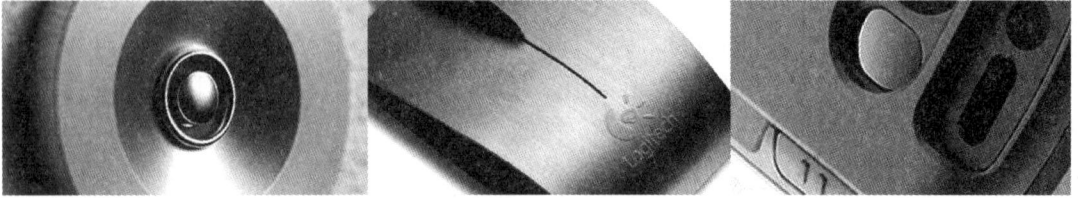

图 3 – 125

3. 网状肌理

网状肌理一般有牢固、结实或是透气性好的表意性(图 3 – 126)。

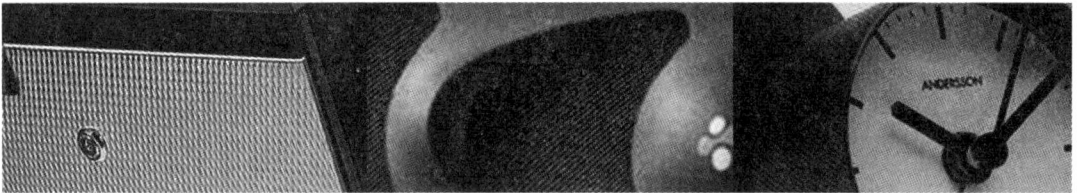

图 3 – 126

第4章
产品开发设计程序与工业设计流程

实践告诉我们,要做好一件工作,必须按照一定的程序来进行,才能使工作步步深入地展开,最后达到预期的目标。同样,要设计好一个产品,除了要用正确的设计观念和思想来指导设计行动,还需要有一个与之相适应的、科学合理的设计程序。

通常在介绍工业设计程序的时候,总是将工业设计本身作为主体加以介绍,包括设计调研、概念设计、方案筛选、方案详细设计、模型样机制作以及产品工程化设计,将工业设计作为一个相对封闭的设计体系。这样的设计模式在工业设计发展的早期阶段十分常见,因为工业设计在过去往往处于产品开发的末端,也就是说当功能性设计完成之后通过工业设计"包装"成可以满足消费者审美的最终产品。这种情况并不意外,工业设计本来就是工业化大生产的衍生品,不过现今情况发生了变化,工业设计与产品开发流程同步甚至超前的情况越来越多,很多产品已经将工业设计整合进了产品开发项目,将其作为产品开发的必要条件之一。主要原因有三点:①随着网络信息化时代的到来,消费者能够接触到的产品类别越来越多,审美品位越来越高,消费者已经习惯了被"设计"过的产品;②产品竞争日趋激烈,产品开发周期越来越短,如果在产品开发之初不考虑工业设计,在开发完成后再进行工业设计将十分困难,各种限制因素很可能造成设计的妥协,导致产品整体设计感的缺失;③工业设计引领设计创新的趋势日益明显,在技术层面不分仲伯的情况下,通过工业设计进行形式创新或应用创新是企业提升竞争力的有效手段。

综上所述,离开了产品开发的大背景探讨产品工业设计程序是没有意义的,首先必须弄清工业设计在产品开发设计过程中的位置与作用,否则会造成工业设计在职能上的错位与重复劳动,如设计调研,在产品开发前期必然要做这样的工作,如果能将工业设计调研内容融合进去,那么进行工业设计时就已经有了充分的调研数据,没有必要再次调研了。

4.1　产品开发设计程序

产品设计与开发是企业营销过程中的一个重要环节,企业必须针对目标客户在产品功能、形式、价值等方面的需求进行设计,也必须在品牌、包装、标签以及产品的售后支持与服务方面做出决策。典型的产品开发设计过程主要包含四个阶段:概念开发和产品规划阶段;详细设计阶段;小规模生产阶段;增量生产阶段。

4.1.1　概念开发和产品规划阶段

在概念开发与产品规划阶段,将有关市场机会、竞争力、技术可行性、生产需求、对上一代产品优缺点的反馈等信息综合起来,确定新产品的框架。这包括新产品的概念设计、目标市场、期望性能的水平、投资需求与财务影响。在决定某一新产品是否开发之前,企业还可以用小规模实验对概念、观点进行验证。实验可包括样品制作和征求潜在顾客意见。这个过程可以归纳为"问题概念化"。

首先针对计划进行设计开发的产品作全面的了解,通过信息收集与市场调查的方法探询市场上同类产品的竞争态势、销售状况及消费者使用的情况,主要包括用户的使用习惯、使用后的抱怨点以及对新功能、新需求的期望,甚至包括用户感兴趣的相关或不相关的事物。之后对企业自身情况进行客观分析,主要包括公司现有技术储备、财务状况、产品现状等,在分析评估后再结合公司发展策略与市场现状,最终总结出新产品的"概念描述",将问题锁定在产品的"市场定位"或"品牌定位""目标客户""产品需求列表""主要特点"以及"市场价格"这几个主要方面。概念的形成的过程需要充足的有效信息、充分的开发经验,也就是能够将信息提炼后能够转化为"有效"的设计创新方向。在进行下一步工作前,应该撰写成下列文本:

(1)产品企划书,包含产品策略与规范;

(2)产品技术发展趋势与产品的功能特性;

(3)产品竞争分析与流行趋势分析;

(4)产品使用分析与人机交互分析;

(5)市场调研与信息的收集分析;

(6)早期产品概念描述与新产品开发指令单(表4-1)。

表4-1 新产品开发指令单

项目名称	汽车导航 GPS							
客户名称	自产自销							
要求完成日期	×××年××月××日							
文件抄送部门	采购部、总经理室、电子技术部(硬件、软件)							
研发内容说明: 1. 根据 ID 图、产品设计功能规格书、PCB 堆叠板评估产品可行性。 2. 设计整机结构。								
相关物件	ID 图、产品功能规格书、PCB 堆叠板							
项目负责人	×××	日期	×××	审核	×××	日期	×××

有了明确的设计方向,就要将概念进行可视化,基本上包括产品功能、原理、外观样式、主要加工方法与成型工艺等,例如在设计一款新型 GPS 产品前就要设定好产品功能规格书,将产品详细功能进行列表(表4-2)。

表4-2 产品功能规格书

配置	描述	配置	描述
产品类型	PND 便携机	AV 接口	支持
项目名称	汽车导航 GPS	电源 DC 接口	支持
整机尺寸	120×84×16.5mm	USB 接口	不支持
系统平台	Android 4.0	内存卡类型	TF 卡
屏幕尺寸	TFT 4.3 英寸	支持最大内存卡	16G

（续）

配置	描述	配置	描述
屏幕分辨率	480×272	WiFi	支持
触摸屏	电容触摸屏,5点触控	3G上网	支持3G扩展
侧键	共1个(音量键2个、拍照键1个、电源开关键1个)	蓝牙	支持
是否支持音乐播放	支持	电子书	支持
是否支持TV	不支持	游戏功能	支持
是否支持拍照	支持,200W	电池	内置锂电池
是否支持摄像	支持	待机时间	>8小时
是否支持视频播放	支持	是否支持车充	支持
是否收时机	支持	内置内存	512M
喇叭	K类功率	是否带支架	不带支架,机壳上有支架扣位
USB接口	5PIN	输入法	手写
NMDI接口	支持	是否支持移动通信	不支持

4.1.2　详细设计阶段

一旦方案通过,新产品项目便转入详细设计阶段,这个过程可以称之为设计商品化的过程。从市场调研转换成具体的设计成果,最重要的目的是要尽快将消费者所喜爱的设计方向转化为具有竞争潜力的商品,大量生产出来并加以销售。量产工作之前需要完成功能设计、机构设计、原型样机的检讨确认,以及与生产加工部门之间的协调才可将设计付诸实施。商品化对产品开发而言非常关键,其目的是将技术与创意的结果转换成符合产品生产的条件,产品开发的过程也就是将产品设计商品化的过程,详细设计的核心是在"设计—建立—测试"三者之间循环,所需的产品与过程都要在概念上定义,并且体现于产品原型中(可在计算机中呈现或以物质实体形式存在),接着应进行对产品的模拟使用测试。如果原型不能体现期望性能特征,工程师则应寻求设计改进以弥补这一差异,重复进行"设计—建立—测试"循环,直至详细产品工程阶段结束。

4.1.3　小规模生产阶段

小规模的生产主要是为大批量量产进行准备。小规模生产可以检验出在单个样机阶段无法检验出的问题。例如模具工艺的问题,样机阶段一般不用模具加工,通常用CNC加工甚至3D打印的方式做原型样机,进入生产阶段首先要检测的就是模具的工艺性,确保最终产品与样机品质一致甚至更高。小规模生产主要有两个目的:①检验产品生产、组装的一致性,确保产品品质。产品多由不同的零配件组成,有的产品还包括了复杂的机构、电路甚至软件程序,因此必须确保每个生产环节的平稳运行,重点检查成品的废品率,避免大规模生产后大批量返工或报废。通常初次生产废品率很高,将问题前置有助于减少损失;②对产品生产状况进行摸底,检验产能,通过生产测试并修正生产程序。在这个阶段,整个系统包括设计、详细设计、工具与设备、零部件、装配顺序、生产监理、操作工、技术员等要素完全组合在了一起。

4.1.4 增量生产阶段

开发的最后一个阶段是增量生产。在增量生产中,期初是在一个相对较低的数量水平上进行生产;当企业对自己(和供应商)连续生产能力及市场销售产品的能力的信心增强时,产量开始增加。

4.2 工业设计程序

工业设计程序是指一个比较纯粹的工业设计项目从开始到结束的全部过程中所包含的各阶段的工作步骤。虽然今时今日工业设计与产品开发设计已经有了相互融合、并行的趋势,但由于各家企业的情况不同,对工业设计的需求层次也不同,因此以产品形式合理、美观为诉求的工业设计需求也十分旺盛。由于产品设计所涉及的内容与范围很广,其设计的复杂程度相差也很大,因而其设计程序也有所不同,但无论何种产品,其设计的目标最终是服务于人,在产品的整个发展过程中都要受人们的生活观念、社会文化、科学技术、市场经济等一些因素的影响,因而表现在设计过程中必然包含着同一性,有一些相对一致的设计程序。需要说明的是,从学习、训练的角度来说,严格遵守工业设计程序可以充分锻炼设计思维的逻辑性与严密性,但从企业实际运作层面来看,则需要根据各家企业的实际情况而定,或在某一个环节加强或在某一个环节减弱甚至舍弃。设计企业通常采用的设计流程如图4-1所示。

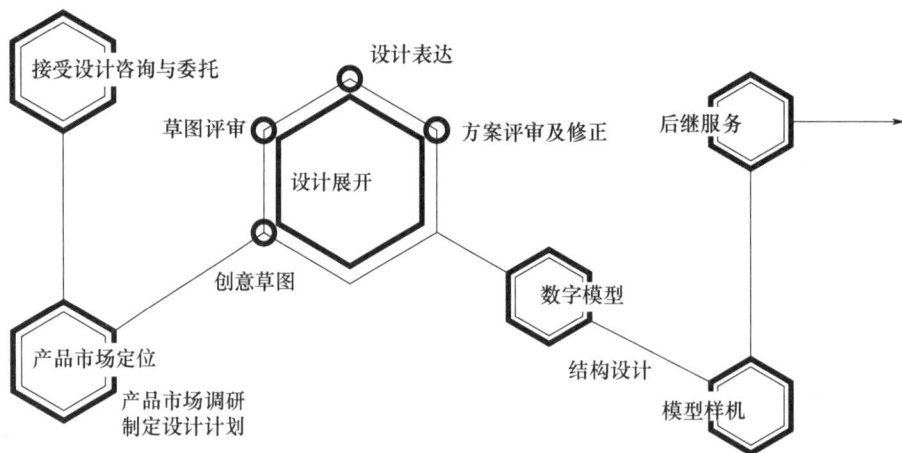

图4-1

4.2.1 接受设计咨询与委托

由于产品千差万别,各个企业的组织架构、商业模式也不尽相同,这就意味着设计师将直接面对各种类型的客户,有企业主、有项目经理、有工程师、有业务员甚至有没有实体企业的采购商。由于客户的知识背景、受教育程度以及对工业设计的理解不同,作为设计师不仅要能够出设计方案,更要有充分的沟通能力与准确的判断力。工业设计项目在目前的阶段没有确切的评价标准,只能依靠决策者根据市场状况的判断以及个人的设计取向,在绝大多数情况下决策者对自己的产品有较深入的思考,很多要求是合理的,但由于专业上的隔阂部分要求也不尽合理。作为设计师,对客户的要求既要充分地尊重,也要耐心地引导,使其思路逐步进入合理的轨道。这一点非常重要,为以后的顺利工作奠定了沟通的基础。这里会出现两个比较极端的情况需要提醒设计师注意:①客户过于挑剔,过于自信,万般不满意,不断提出新的要求却又不愿意付出成本;②客户完全没有想法,不清楚自己究竟需要什么样的设计,对产品投入成本的概念也比较模糊。这两种情况都会使得设计师陷入被动,且主要原因在于客户本身,因此这样的客户属于低价值客户,接受这类客户的设计委托要十分慎重。因此,在项目展开之前,与客户充分地沟通尤其重要,不仅要让客户了解设计工作的流程,还要向客户展示设计案例和设计文件,以及设计环境、设备、模型、样机等,以增加客户委托的信心。同时对设计师来说,前期的沟通也是了解客户、教育客户的好机会,好的客户也是需要培养的,与客户很可能就此成为朋友,也有利于项目的开展。

工业设计是一项专业的设计工作,有不同的应用层次,或是全新设计或是改良设计,因此在接受设计任务之前,需要明确设计任务的类别,核算正确的工作量,给出合理的项目预算。不同的设计类型工作内容也有所不同,全新设计近乎于开发设计,需要充分消化客户所提出的设计需求,并进行充分的市场调研,由于是全新设计,在设计上的考虑要更加严密、谨慎,再加上与开发设计的协同,项目周期通常较长;改良设计则需要对原有产品进行仔细分析,提出改进措施,并对同类型产品进行横向比较,由于已经有了工作基础,项目周期一般较短。

4.2.2　明确设计任务

产品设计种类繁多,领域广泛,大致可以分为三个类型,改进型设计、创新型设计和概念型设计,而在设计之初就必须明确任务类型。

1. 改进型设计

改进型设计指针对现有的产品,提升产品的附加值、改进功能、提高质量或在结构、零部件、材料、工艺上作局部调整和修改;采用新技术、新结构、新材料、新工艺及新元件以满足新需求,制造出在性能、造型、质量、价格、规格等方面有竞争力的产品。这是产品商品化过程中普遍且大量存在的渐进性设计创新工作,是提高企业市场竞争力的有效手段。

2. 创新型设计

创新设计指在科学技术、使用方式、功能、造型、结构、材料、加工工艺等方面有重大突破,创造与现有产品无共同之处的新产品,是科技创新、新发明的应用与艺术完美的结合。任何产品的创新设计研发都要符合企业既定的产品战略,产品战略指的是企业对其所生产与经营的产品进行的全局性谋划,它与市场战略密切相关,也是企业经营战略的重要基础。企业要依靠物美价廉、适销对路、具有竞争实力的产品去赢得顾客、占领与开拓市场。产品战略正确与否直接关系企业的胜败、兴衰、存亡,因此新产品的设计与开发必须与企业的产品战略相吻合,就像现今的 IBM 专注于信息技术和业务的解决方案,而将之前曾经辉煌一时的个人笔记本电脑业务剥离,因为 IBM 已经完成了战略转型,由计算机硬件制造商转为了信息技术服务供应商。

3. 概念型设计

概念型设计指从工业设计角度出发,为满足人们近期或未来的需求,利用设计师敏锐的洞察力和表现力,对人与环境、生活、市场进行研究从而进行探索性的设计尝试。概念设计具有很强的前瞻性且极具创意,在未来也有实现的可能,因此极富生命力,是技术开发、市场需求和生产开发的推动力。概念型设计在具有研发实力的现代企业中占有非常重要的地位。

不同的设计类型对应不同的设计方法,明确设计任务的类型,可以确保采取正确、有效的设计路线。

4.2.3 制定设计计划

通常工业设计项目周期需要根据设计对象的具体情况来确定,有的项目十几天就可以结案,有的则需要半年甚至更长的时间,比如汽车设计。工业设计项目计划通常是短期计划,为了确保设计质量,必须严格遵循设计流程,按照项目节点分步验收。

制定设计计划应注意以下几个要点:

(1)明确设计内容,掌握设计目的。

(2)明确该设计自始至终所需的每个环节。

(3)弄清每个环节工作的目的及手段。

(4)理解每个环节之间的相互关系及作用。

(5)充分估计每一环节工作所需的实际时间。

(6)认识整个设计过程的要点和难点。

在完成制定设计计划后,应将设计全过程的内容、时间、操作程序绘制成设计计划表,具体栏目内容可视项目性质而定(表4-3)。

表4-3 产品方案设计时间计划表

内容/时间	1 2 3 4 5 6 7 8 9 10	11 12 13 14 15 16 17 18 19 20	21 22 23 24 25 26 27 28 29 30 31
市场调研	●——————●		
调研报告	●—●		
设计研讨会	●—●		
设计构思	●—————————●		
设计展开		●—●	
设计方案绘制		●——————●	
方案研讨会		●—●	
设计细化		●—————————●	
设计数模及效果图			●—————●
模型制作			●—————●
设计方案预审			●—●
设计综合报告			●——————●

4.2.4 设计调研

能否准确把握产品的设计定位,将直接决定设计的成败。而对产品的准确定位主要来源于设计调研。设计调研围绕市场状况展开,调研的内容根据产品的不同而各有侧重。通过调研可以收集到各种各样的资料,为产品设计师分析问题、确立设计方向奠定基础。设计调研内容主要包括:产品售价、品牌档次、产品功能、设计风格、市场占有率、客户群体等。设计调研的本质是信息的收集与分析,在收集这些信息时候需要注意以下几点:①目的性:不同的目的需要不同的信息,因此搜集信息必须事先明确目的,围绕目的去搜集。这样可以做到有的放矢,提高工作效率;②完整性:搜集到的信息必须系统完整,这样才可能防止分析问题的片面性,从而才有可能进行正确的分析判断;③准确性:信息是决策的依据,不准确的信息常常导致错误的决策,因此如果搜集到的信息"失真",则有可能导致设计工作的失败;④适时性:适时性也就是要求在需要信息的时候就能够及时地提供信息。这就要求在行动之前就掌握好各种信息资料;⑤计划性:为了保证信息搜集做到有目的、完整、准确、适时,就必须加强信息搜集的计划性。通过编制计划,更进一步明确搜集的目的、搜集的内容范围、适当的时间和可靠的信息来源,从而提高搜集信息工作的质量;⑥条理性:对搜集到的各种信息资料,要有一个去粗取精、去伪存真的加工整理过程。最后要将这些信息资料整理成系统有序、便于使用和分析的手册。

设计调研的方法主要包括面谈、观察、网上投票、电话访谈、邮寄等等,根据产品的性质确定问询内容,设计好调查问题,使调研工作尽可能方便快捷、简短、明了。不同的调研方式需要结合不同的产品特性,采用一种调研方式或多种方式并行,面谈与观察法是通常采用比较多的现场调研方式,很明显优点在于可以获得准确而细致的第一手资料,不足之处在于效率比较低,人群覆盖面比较窄。例如观察法,欧乐－B(Oral－B)公司曾经为 2~4 岁的儿童设计牙刷,通过对儿童使用牙刷行为的仔细观察发现,儿童牙刷的设计不是成人牙刷的简单缩小,由于手部尺寸以及灵活度的限制,儿童抓握东西时往往有一种"拳头"效应,用手握而不是用手指捏,因此儿童牙刷的刷柄不是缩小而应该增大(图 4－2)。

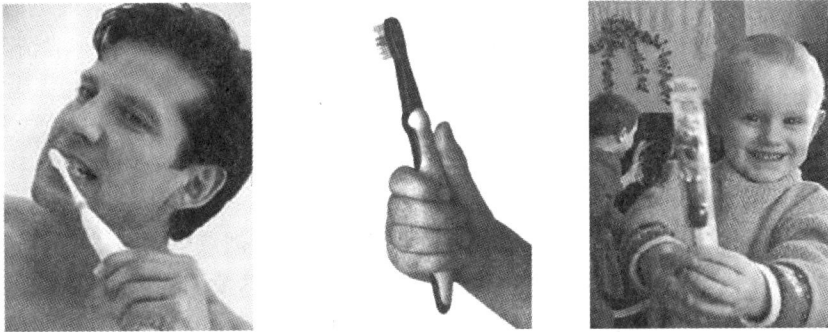

图 4－2

1948 年秋天,瑞士工程师乔治斯·德·梅斯拉特尔(Georges de Mestral)先生带着他的猎犬外出打猎。在草地野餐时,身体被牛蒡草(图 4－3,图 4－4)扎得很痛,发现自己衣服和猎犬身上都粘满了牛蒡草。回家后,花了很长的时间他都没有将刺果去除干净,这一现象勾起他的好奇之心,牛蒡草为什么会有这么大的的附着力呢? 在显微镜观察下,他发现牛蒡果上有无数小钩。从这中,他得到启示,可以仿造牛蒡果的结构来制成方便牢靠的搭扣。终于,经过了半年的实验,他终于创造出了一种新型搭扣,在 A 布上织有许多钩状物,在 B 布上织有许多小圆球,只要把它们轻轻对贴在一起就粘紧了,这就是"纬格罗",也就是我们所说的魔术贴、粘扣带,而魔术贴(图 4－5)已经成为 20 世纪最重要的 50 项发明之一。

 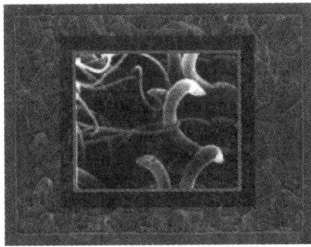 

图 4－3　　　　　　　图 4－4　　　　　　　图 4－5

目前覆盖面比较广且相对容易实施的是网络调研,将预先设计好的问卷发布在专业的调研网站上,通过将链接不断转发让人通过链接网址登陆并按要求完成网络问卷并提交。最近比较流行的调研方式还有微信调研,通过朋友圈的不断转发,提升参与填写问卷的人数。网络调研的主要优点在于快速、便捷,短时间内可以获取大量的调研数据,缺点在于数据的可靠性以及参与者数量的不确定性都无法确定,不过对于一般产品设计的网络调研结果还是可以作为设计参考的依据的。而电话调研和邮寄调研可操作性比较差,除非与被调研者比较熟悉,否则这两种方式收效不大。值得注意的是随着云计算、大数据技术的强势兴起,通过数据量的累积、精密的计算所支撑的结果对指导产品设计意义重大,比如零售巨头沃尔玛很早就通过对营业数据的分析掌握产品的销售状况,并把销售情况良好的产品通过贴牌代工的方式以自己的品牌销售,减少了中间环节,最大程度地攫取利润。又如淘宝网早已通过对网络采购数据的分析将畅销产品以天猫商城的形式进行畅销产品的认证式销售,其原理与沃尔玛如出一辙,都是基于对消费行为及数据的研究与分析,再从服务的角度重构经营模式。可以预见的是,以数据作为设计依据的时代已经到来。

市场调研的结果带来大量的信息,分析研究这些信息的前提是必须紧紧围绕消费者和使用者,且站在用户的立场分析和研究总结。问题的发掘是设计的起点和动机,一般情况下,问题来自于社会文化、造型美学、科技应用、市场需求等各种因素。

4.2.5 展开设计

1. 草绘设计

草绘设计分为两个阶段:创意草绘阶段和设计草绘阶段。创意草绘是进行设计展开的第一个环节,是设计师将自己的想法结合产品实际,由抽象转变为具象的一个十分重要的创造过程。它实现了抽象思考到图解思考的过渡,是设计师对设计对象进行推敲理解过程的体现。创意草绘不拘泥于形式,只要设计师本人能够理解就可以了,主要用来进行概念构思与推敲,当概念基本成熟以后,就可以将概念转化为设计草绘图了。设计草绘需要包括产品外观的主要特征、使用方式、基本结构与材质说明四个方面,能够呈现出一个比较完善的设计方案,比如西班牙设计师乔迪·米拉的创意草绘图展现得比较好(图4-6,图4-7)。

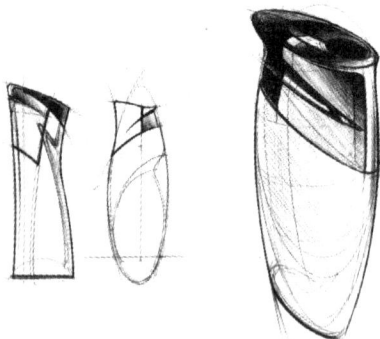 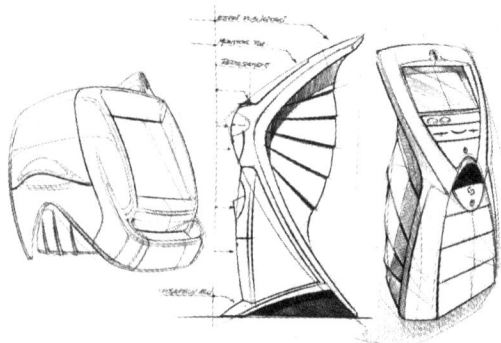

图4-6　　　　　　　　　　　　　　图4-7

草绘图通常有下列三种表现方式:

1) 整体表达

从整体的角度检视轮廓、姿态及被强调的部分等,不需要太在意细节,只要清楚地将你要表达的东西表达出来,因为建立雏形非常重要,这个阶段的设计目标是建立主体的形态,强调轮廓、整体姿态、亮度对比、和被强调的部分。当考虑设计容易辨识的形体时,最好先画出简图。这样做不会花费很多的时间,但却是很有效的方法来建立出有区分性的草绘图。任何技巧和手法都可以使用,只要表现出明暗的层次。游艇的设计风格特征被简化的草绘图快速、清晰地表达出来,概略草绘图能使设计者的注意力不放在过多的细节上,而着重产品的设计风格和整体形态(图 4 - 8)。

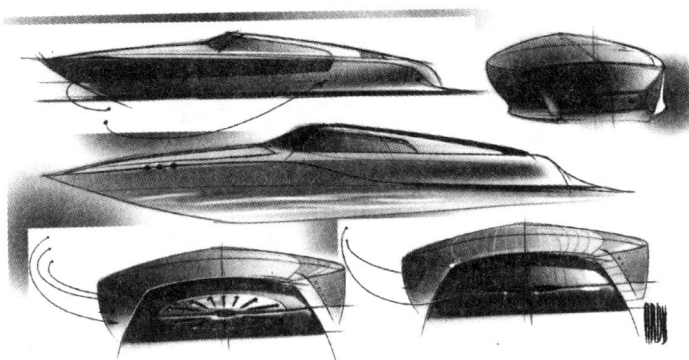

图 4 - 8

2)立面与立体表达

这部分将检视立体的成分与面的构造,决定物体的特征线及图样,表现出质量感与动感。透视画法的草绘图是最适合达成这个目标的。可以适度的使用夸张的手法来明确表示出你的意图。形体用明暗度来表现,可以不上色彩。表现大概的外观结构、特征线条、产品的对称性、体量感及动感。运用适当的夸张画法可以使设计意图更明确,不必太在意细节(图 4 - 9,图 4 - 10)。

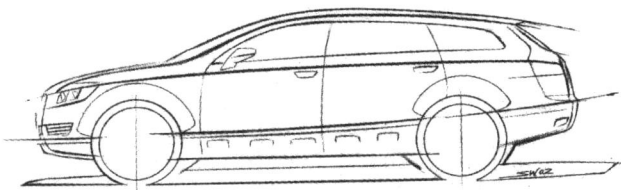

图 4 - 9

图 4 - 10

91

3）产品细节表达

近距离展现产品设计细节,产品表面的精致线条、配色都能被察觉,质感也比较强烈,细部的处理要具有一定的视觉冲击力,展现产品魅力获得最佳的整体效果(图4－11)。

图4－11

2. 草图评审

创意草绘阶段完成后,设计师本人或设计团队需要对所有创意草图进行概念评审以及可行性分析,从中推导出2～3个合理、可行的设计方向,这个过程属于内部评审,参与人员除包括设计师以外,工程师、生产部门相关人员、市场营销人员也可以参与讨论,确保方案在雏形阶段得到比较切合实际的设计方向,这样的沟通过程特别重要,可以确保参与项目人员形成统一的目标,推进项目顺利实施。评审结果是通过初步筛选去掉不具备实施可行性或不符合设计定位的方案,保留3或4个具有发展潜力的方案进一步深化。图4－12,图4－13为浩瀚产品设计公司在做设计概念现场评审。

图4－12

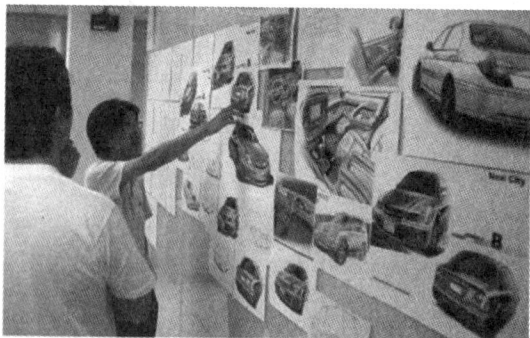

图4－13

3. 方案完善与设计表达

草图评审结束后,根据多方意见的汇总,将最终确定的方案分别进行设计细化,并同时制作产品效果图,供下一轮设计评审使用。方案完善是将设计的各个专业面的构思具体化,包括在草图旁边添加说明性文字。通过对初步方案的确立,并分析、综合后得出的解决具体问题的结果。它需要设计方和委托方共同参与,并在产生矛盾的时候,以用户的意见为中心加以解决和化解。这一工作主要包括基本功能设计、使用方式设计、生产可行性设计,即功能、形态、人机、色彩、质地、材料、加工、结构等方面。产品形态受产品的功能、材料、色彩、结构等因素的综合影响,但在设计构思具象化时,不能同等对待这些影响因素。形态的创造要与立案阶段设计构思的切入点结合起来,如设计初期构思时,主要是解决功能问题,那么,这时应以功能实现作为形态塑造的目标;如在构思时以新材料的应用为主,那么在形态塑造时可以如何体现新材料的性能和优点为主;而如果是优化产品问题结构、工作原理的,则不妨采用仿生设计,到大自然中寻找形态创造的灵感。随着方案设计草图的进一步细化和深入,还要考虑人机界面设计和加工工艺的可行性等问题。人机界面也是细化设计重点要考虑的,这个产品采用什么样的使用方式,有什么使用习惯,在什么场景中使用,这些问题都会影响产品的形态。对产品加工工艺的考虑虽不须像设计完成阶段考虑得那么深入,但至少要保证其外形能生产加工出来,不至于无法脱模或花很大的代价才能脱模。在设计基本定型以后,要用较为正式的设计表现图和模型表达设计。过去计算机技术尚未广泛使用,产品效果图的绘制主要依靠手绘制作产品效果图,对设计师的手绘能力要求很高,但手绘的方式效率比较低,如果想要多角度更加精细的表达就需要投入大量的精力。时至今日,计算机辅助设计技术可以帮助我们通过产品计算机建模的方式生成产品的外观与结构,并通过各种渲染软件获得逼真的产品效果甚至产品演示动画。当然手绘效果图依然在使用,也可以转为在绘图软件里绘制,这样的效果图在实际设计中应用还比较广泛,部分用三维建模不方便或用平面绘制更容易的产品都采用这种方式绘制效果图,比如手机、包、小家电等等(图 4 – 14)。计算机绘制大多采用三维软件建模,赋予材质、灯光,然后渲染效果,再通过彩色打印机输出。计算机效果图比手绘的效果图更具真实感(图 4 – 15),而且建模后可以从任意角度,在不同的灯光、不同的背景下渲染而获得多幅效果图。设计委托方往往没有经过专业训练,空间三维想像力不强,直观的设计表现图和模型便于委托方了解设计的最终效果,是帮助委托方决定设计方案的必要方式。在这个阶段,设计师及相关人员要将各个方案进行比较、分析,从多个方面进行筛选、评估、调整,从而得出一个比较满意的方案。

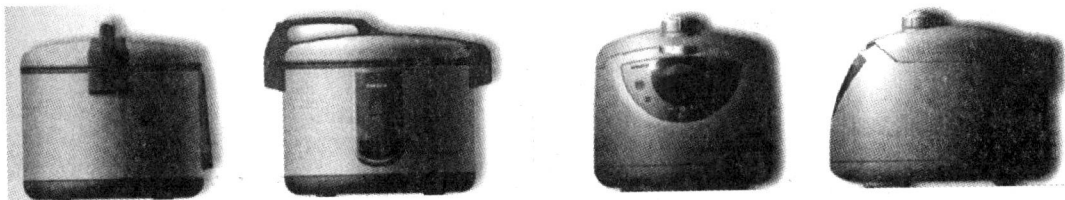

图 4 – 14

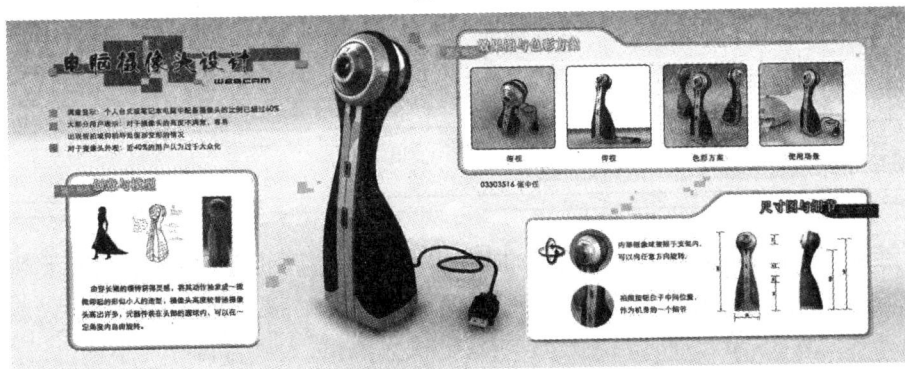

图 4 – 15

4. 方案评审与修正

对设计概念的评估是一个连续的过程,在整个设计过程中贯穿始终。做出正确的选择是评估的最终目的。要达到评估目的需要确立一系列评估要点,评估要点主要包括:①功能要素;②结构要素;③形态关系;④人机关系;⑤环境要素。由于产品设计的范围很广,各种产品的使用功能、使用对象、要求特征等情况各异,因而在对不同的产品设计概念进行评估与选择时,其具体内容和侧重点也有所不同。德国"百灵"电器公司对设计的十个评估要点,很具有参考意义,分别是:①具有创造性;②具有实用性;③符合审美;④结构合理;⑤便于理解;⑥具有亲和力;⑦耐用;⑧有合理的细节处理;⑨具有生态意识;⑩形态简洁。

工业设计初次评审主要成员有项目经理、上级领导或客户代表以及生产加工、企划营销相关部门人员,方式主要有加法评分法、连乘评分法、加乘评分法、加权评分法、层次分析法以及现在比较常用的坐标分析法。

(1)加法评分法,是将评价项目的评分用单纯加法,根据总分决定方案的优先顺序,以及是否采用。加法评分法计算简单、容易,用来对非常优秀方案的选择和很差方案的抛弃较合适,但用以对中间方案的排序则不够灵敏(表4-4)。

表4-4 加法评分表

评目价项			对比方案			
评价内容	评价等级	评分标准	A	B	C	D
质量	好 一般 差	8 6 4	8	6	8	4
功能	绝对必要 一般 较少	10 6 4	6	10	4	6
成本	低 中 高	8 6 4	8	6	6	4
造型	好 一般 差	10 5 2	10	5	2	5
材料	好 一般 差	5 3 2	3	5	5	2
总评分数		16~41	35	32	25	21

(2)连乘评分法,是把各个评价项目的得分用连乘的方法汇总,根据乘积的大小来评价方案的优劣的一种评分法。连乘评分法的特征是总分差距较大,灵敏度高,比较醒目(表4-5)。

(3)加乘评分法,是先将所需评分的项目,分成大项,大项目再分成小项目,计算时先将小项目相加,而后再将小项目所得分值连乘,最后以乘积的大小决定优劣。

表 4 - 5　连乘评分表

评目价项			对比方案			
评价内容	评价等级	评分标准	A	B	C	D
质量	好 一般 差	8 6 4	8	6	8	4
功能	绝对必要 一般 较少	10 6 4	6	10	4	6
成本	低 中 高	8 6 4	8	6	6	4
造型	好 一般 差	10 5 2	10	5	2	5
材料	好 一般 差	5 3 2	3	5	5	2
总评分数		256～32000	11520	9000	1920	960

（4）加权评分法,是对评价项目按其重要程度分别给予权数,突出评价重点,加权平均后以最大者为优的评分法(表 4 - 6)。

表 4 - 6　加权评分表

项目	加权系数	摘要	评价分	得分
市场	0.4	顾客提出的必要程度 有竞争企业 产品生命周期和需要量 需要的增加	6 8 5 3	2.4 3.2 2.0 3.0
技术	0.3	技术难易程度 完成时间 研究经费 负荷状况	6 4 8 4	1.8 1.2 2.4 1.2

（5）层次分析法(Analytic Hierarchy Process,AHP),是美国运筹学家 T. L. Saaty 教授在 20 世纪 70 年代提出的一种将复杂的目标决策问题作为一个系统,将目标分解为多个目标或准则,进而分解为多指标(或准则、约束)的若干层次,通过定性指标模糊量化方法算出层次单排序(权数)和总排序,以作为目标(多指标)、多方案优化决策的系统方法。具体做法是:①建立递阶层次结构;②构造西西比较判断矩阵;③针对某一标准,计算各备选元素的权重。

（6）坐标分析法,是现在常用的分析方法,假如设定评定标准中的每一项满分为 5 分。各项围成的面积越大则该方案的综合评定指数越高。也可把各个方案中高分的因素提取重新组合,如下图关于产品材质的设计分析(图 4 - 16)。

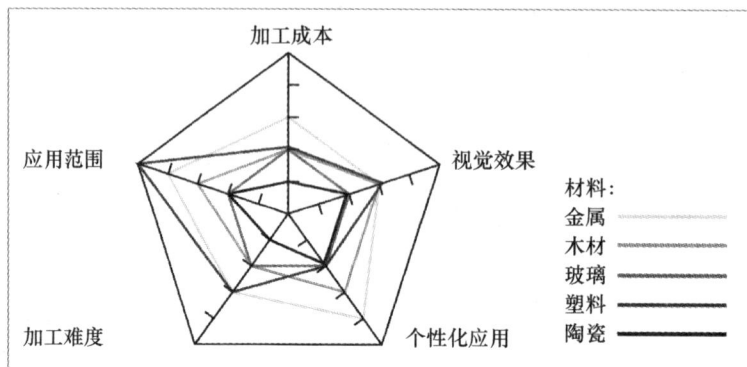

图 4 - 16

评审结束后,通常会选择一个方案作为主要方案进行进一步细化并根据评审意见进行部分修改,如果本轮所有方案都未能通过评审,就要根据评审意见重新开始做方案,所以工业设计的过程具有反馈性迭代性,需要不断地进行调整,因此前期跟上级或客户的沟通工作尤其重要,不仅在项目的早期,在项目进行的过程中也需要及时跟上级或客户进行沟通,如果沟通工作到位,那么评审时完全推翻方案的可能性就非常小了,除非在技术或市场层面发生了很大的变故。

5. 数字模型设计(工程设计)

借助于各类三维建模软件,设计生成最终方案的精确外观模型或结构模型,用外观图(图 4 - 17)、透视图(图 4 - 18)或爆炸图(图 4 - 19)的形式展现产品的方方面面。

图 4 - 17

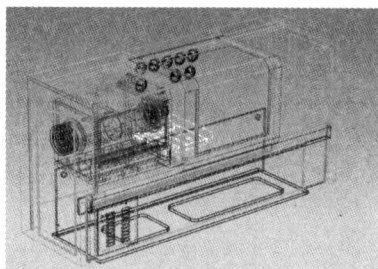

图 4 - 18

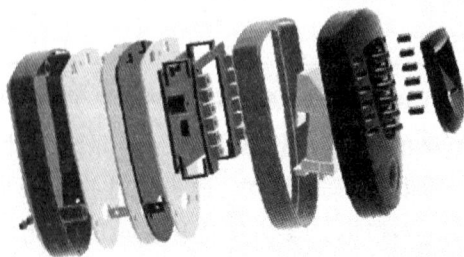

图 4 - 19

6. 方案模型制作

在产品方案设计的过程中,模型的制作必不可少,制作模型的主要目的是检验设计的合理性并推敲设计细节。在设计的不同阶段,涉及的模型类型不同,通常分为三个类型:①参考模型;②结构模型;③样机模型。

(1) 参考模型又称研究型模型,是在设计构思初期,以草模(粗、初模)形式出现,即简单、立体地表现整体形态及曲面、比例、局部特征等。这种参考模型对于开辟设计思维,推进设计方案的不断成熟是很有必要的。参考模型常以下面 3 种形式来表现。①意象模型:将某种意念形象化。这对培养设计师对形态的感受能力及丰富想像能力起着重要的作用。意象模型的训练常以几何或有机形态为依据,作形体转换和抽象语义的形态塑造;②简略粗模:即草模、初模,这类模型是处在产品造型设计的初期阶段,将设计构思用较概括的线形以简洁的办法和材料快速地用立体形态抽象地表现出来,以便设计者在制作、观察、分析的过程中作为改进设计构思的初步依据;③概念模型:当各种设计构思初步完成之后,为了表达得稍为具体,在简略粗模的基础上,进一步作稍正规的表现,使之符合一定的结构功能和审美要求。它主要采用抽象的手法表现产品造型风格、形状特点的大致布局安排,强调表现产品造型的整体概念。对于研究产品造型各部位之间的关系有重要的参考价值,能够帮助设计师在设计制作过程中,提供一种能更客观地分析的立体依据,促使设计方案的不断完善和成熟(图 4 - 20,图 4 - 21,图 4 - 22)。

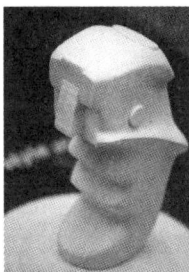　　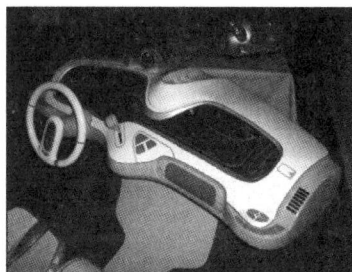

图 4 - 20　　　　　　　　　图 4 - 21　　　　　　　　　图 4 - 22

(2) 结构模型主要是用来研究产品造型与结构的关系。这类模型要求能将产品的结构功能尺寸特点、连接方式、过渡形式清晰地表达出来,并严格按要求进行制作。作为一种功能性模型,结构模型是用来研究产品的一些物理性能、机械性能以及人和机器之间的关系的,用来分析检验设计对象各部组件尺寸与机体上的相互配合关系,然后在一定条件下做各种试验,并测出必要的数据,如有些大型产品的外形曲面的反光效应、汽车动力的风阻试验、人机试验、装配实验(图 4 - 23)等。

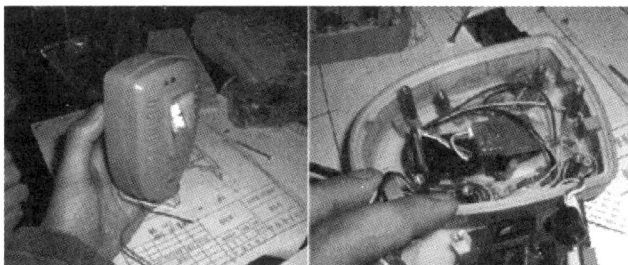

图 4 - 23

（3）样机模型也叫手板，是验证产品可行性的第一步，是找出设计产品的缺陷、不足、弊端最直接且有效的方式，有利于对缺陷进行针对性的改善。通常还需要进行小量的试产进而找出批量里的不足加以改善。样机分为两个类别：①产品外观样机：主要验证产品外观样式、材料质感，主要用来评估产品外观设计；②全功能样机：产品全功能模型又称仿真（试验）模型，要求依照被确定方案的比例制图，进行十分精确的制作，并且包含与真实产品一样的功能。材料选择要根据功能和工艺的要求，表面处理以及色彩、视觉传达等尽可能采取模拟仿真的手法。要求能将产品的结构功能、尺寸特点、连接方式、过渡形式，较清晰的表达出来，其目的在于更加完善最终方案并且作为项目审批、投标审定、展示说明、归档收藏、研究分析、批量生产等的重要参考依据。

7. 方案终评

完成设计是一个由设计向生产转变的阶段，一般完成产品设计方案到生产前还要经过检验评估，需要对最终方案进行再论证、再修改。一般本阶段的评估内容比设计阶段的评审更加细致，具体包括：①创新性，完美的产品设计就必须具有能让顾客认为是"有用的、好用的和希望拥有"的技术和造型特征。优秀的产品设计应该在这两个方面都有所创新，这会极大地提高产品的附加值；②实用性，符合使用目的的舒适性及完美的机能性；③外观有足够的吸引力；④重视人体工学，操作简单、方便；⑤低污染性、节能性、可再利用；⑥适宜的材料、高效的生产率和低成本；⑦安全性；⑧启发智慧和感性，能吸引使用者，激起好奇心，有趣味性，能提高娱乐效果和创造力，能够与人产生共鸣；⑨具有社会影响力；⑩有益于使用者；⑪有良好的品质；⑫耐久性、有效性；⑬适当生产，价格合理；⑭协调环境；⑮设计、技术的独创性及防止仿冒；⑯注重生产过程的适宜性。

8. 设计综合报告

设计综合报告的制作既要全面，又要简洁、突出重点，目的是能够清楚地表达设计的意图。报告书的形式依具体情况而定，一般是以文字、图表、照片、表现图及模型照片等形式所构成的设计过程的综合性报告，是用于企业高层管理者最后决策的重要文件。报告书一般有以下内容：

1）封面

封面要表明设计项目的名称、委托方名称、设计单位名称、时间、地点，封面的直观效果最好能体现设计的风格。

2）目录

按设计项目的流程和定制时间，目录排列要一目了然、简洁清楚，并标明页码。

3）设计进程表

进程表要简单易懂，不同阶段的工作可以用不同的色彩来表明。

4）市场调查

围绕企业及竞争对手的现有产品，以及与之消费需求有关的社会文化、经济发展、科技进步等因素的调查和资料收集，常用文字、图表、照片等结合来表现。

5）分析研究

针对调研的资料进行消费市场需求、产品功能、造型美学、结构、人机、材料、使用方式等进行分析，找出产品设计的突破口，提出设计概念，确定设计方向。

6）设计构思

可以有多种形式（文字、设计草图、设计草模型、计算机辅助设计等）表达、记录设计的初步想法。

7）设计展开

一般以方案的视觉表达和文字说明相结合的形式来表现，其中包括设计构思的展开、人机工程研究、二维表现、三维表现、材质应用分析、表面处理、方案的评估等。

8）确定设计方案

从产品的功能和造型方面确定最终设计方案，包含设计表现图、分解图、结构图、部件图、精致的产品表现模型制作以及说明书。

9）综合评价

展示精致的产品模型照片，并简洁明了地说明设计方案的特色和优缺点。

10）设计成果展示版面

在设计决策前，参加评估并作出决策的有主管部门、技术部门、制造部门、营销部门等，为了使每个参加决策的成员都能很好的理解设计意图，不仅要提供产品的精致模型，还必须能够清楚地向与会者介绍有关设计目标的设想、调查结果、分析结果、具体方案、市场预测等，这就要求设计者有很好的设计表达能力和技术。展示版面内容一般有：前言，阐明设计目的；市场调研，分析和比较；使用状态、环境分析；设计目标的确定过程；方案表达；深入设计、人机分析、技术可行性研究；工作原理；二维、三维效果充分表现；色彩方案（图 4 - 24，图 4 - 25）。

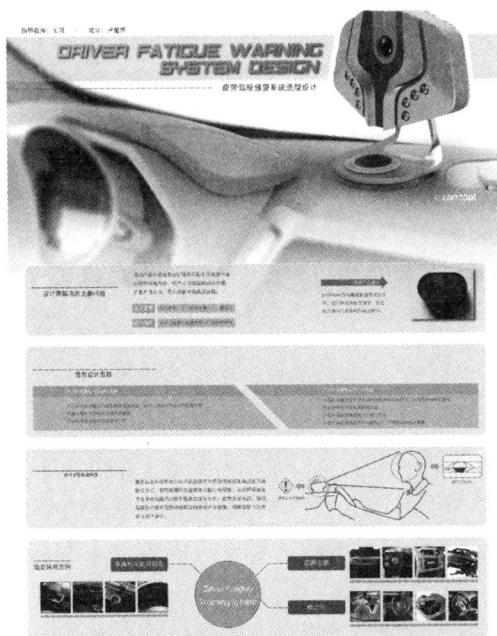

图 4 - 24

图 4 - 25

产品设计的流程与产品的类型关系紧密，可以具体严密也可粗略简要，但总结起来可以用图 4 - 26 概括。

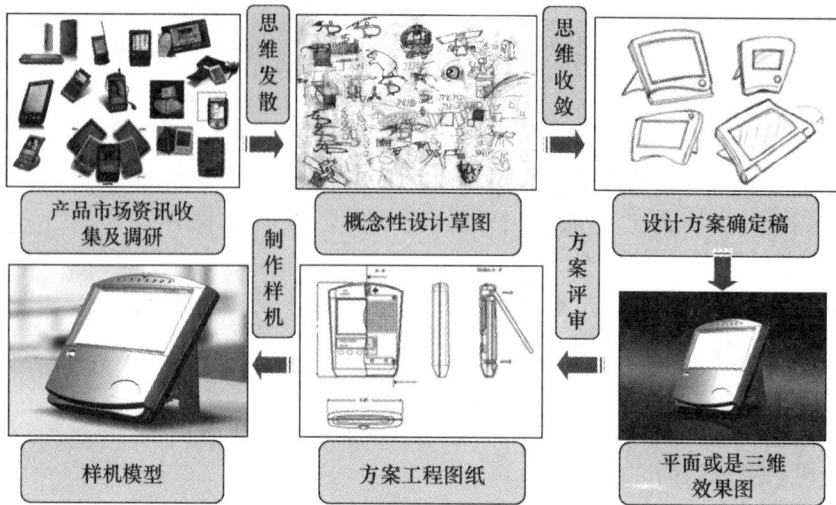

图 4-26

第5章
工业产品模型制作实用技术

产品模型是产品设计的一种表现形式,它是依据初步定型的产品设计方案,按照一定的尺寸比例,选用各种合适的材料制作成接近真实的产品立体模型。这种模型能更加准确、直观地反映设计创意,也只有通过模型才能进一步检视在平面方案中所不能反映出来的问题,最终的设计效果往往也是由产品样机模型呈现的,为进一步完善设计方案提供可靠的依据。因此模型是设计师的设计语言,是达到设计目的所必须掌握的一种重要的表现技法。

5.1 主要加工工具与设备

工欲善其事,必先利其器,模型制作的效果与使用的工具有直接的关系。随着加工条件和加工工艺的逐步改善,工业产品模型制作的方式也逐渐由手工制作转向机器加工为主、手工为辅的制作方式。

5.1.1 手工工具

手工工具主要包括钢尺、游标卡尺、角度尺、钢锯、木锯、美工刀、锉刀、砂纸等。

1. 钢尺、游标卡尺、角度尺

钢尺是最常用的丈量工具。钢尺抗拉强度高,不易拉伸,所以量距精度较高,在产品测量中常用钢尺量距。其缺点是:易折断,易生锈,使用时要避免扭折、防止受潮。在测量精度上一般要求到0.5mm,因此选用的钢尺刻度需要划分至毫米,相对比较精确,主要用于测量产品模型的基本长度、宽度、高度等(图5-1)。

图5-1

游标卡尺是一种测量长度、内外径、深度的量具,由主尺和附在主尺上能滑动的游标两部分构成。游标卡尺的主尺和游标上有两副活动量爪,分别是内测量爪和外测量爪,内测量爪通常用来测量内径,外测量爪通常用来测量长度和外径。游标卡尺通常用在钢尺无法准确测量的间距、孔径、直径等产品局部(图5-2)。

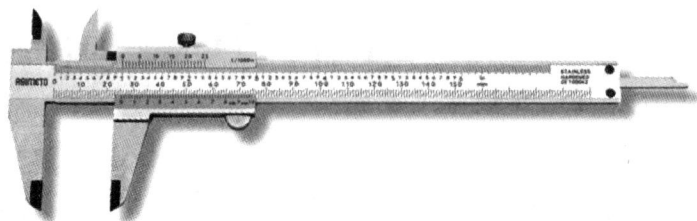

图 5-2

角度尺主要用于产品造型倾角的角度测量(图5-3)。

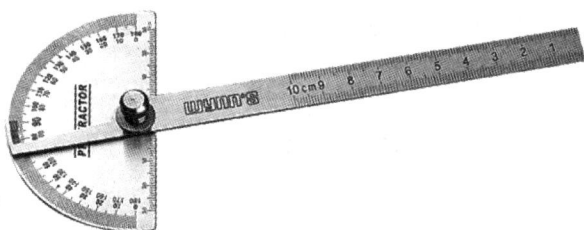

图 5-3

2. 钢锯、木锯

钢锯是钳工的常用工具,可切断较小尺寸的圆钢、角钢、扁钢和工件等(图5-4)。钢锯包括锯架(俗称锯弓子)和锯条两部分,使用时将锯条安装在锯架上,一般将齿尖朝前安装锯条,但若发现使用时较容易锛齿,就将齿尖朝自己的方向安装,可缓解锛齿且能延长锯条使用寿命,钢锯使用后应卸下锯条或将拉紧螺母拧松,这样可防止锯架形变。虽然在产品模型制作中钢件比较少,但钢锯尺寸适中、操作灵活,因此在产品模型制作中常用于切割石膏、小木块、代木、ABS、亚克力、发泡材料等材料。木锯的齿比较粗大,主要用于切割木料或大块的发泡材料(图5-5)。

图 5-4

图 5-5

3. 美工刀

美工刀也俗称刻刀或壁纸刀,是一种美术和做手工艺品用的刀,主要用来切割质地较软的东西,多为塑料刀柄和刀片两部分组成,为抽拉式结构。也有少数为金属刀柄,刀片多为斜口,用钝可顺片身的划线折断,出现新的刀锋,方便使用。美工刀有大小多种型号,用于不同材质的修整(图 5-6)。

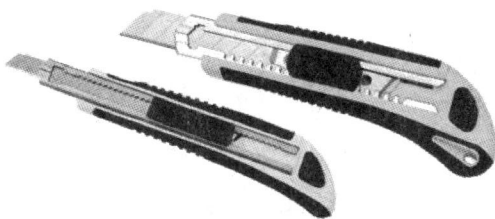

图 5-6

4. 锉刀

锉刀适合于局部材料的修整,如不锈钢裁切之毛边修除,木材局部形状之裁型加工与修型等,锉刀也有钢锉与木锉之分,钢锉适用于钢质材料的修整,而木锉一般只适用于木质材料的修整(图 5-7)。

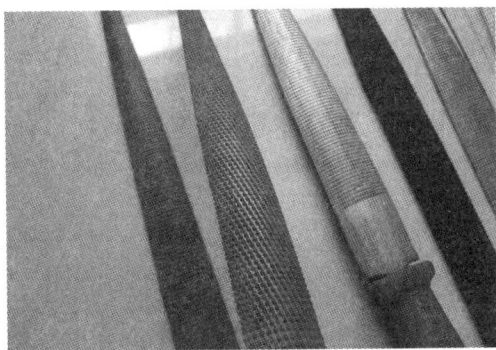

图 5-7

5. 砂纸

一般可分为木工砂纸、金相砂纸、水磨砂纸等多种。木工砂纸(粗砂纸和细砂纸图 5-8),适用于木材、有机玻璃、泡沫塑料,塑胶板等材料所做的模型粗砂磨用。金相砂纸用于金属材料抛光细磨之用。砂纸是表面处理除灰尘、除锈、除油污、砂磨平底灰、清除加工表面毛刺必不可少的加工材料,缺点是怕潮湿。水磨砂纸可以克服砂纸怕潮湿的弱点,它可用水研磨加工物的表面,能得到精细平滑表面,是做精细展示模型表面加工的好材料。

图 5-8

5.1.2　常用电动加工设备

1. 线锯

利用绳锯木断的原理设计出来的一种对脆硬材料进行切割的锯,用以锯出直线、曲线或不规则形状(图 5-9)。

2. 砂轮机

砂轮机是用来刃磨各种刀具、工具、材料的常用设备。其主要是由基座、砂轮、电动机或其他动力源、托架、防护罩和给水器等所组成(图 5-10)。

图 5 – 9

图 5 – 10

3. 车床

车床是主要用车刀对旋转的工件进行车削加工的机床(图 5 – 11,图 5 – 12)。

图 5 – 11

图 5 – 12

4. 平板雕刻机

平板雕刻从加工原理上讲是一种钻铣组合加工,加工幅面大,但加工深度有限,因此常用于雕刻木板、亚克力、ABS 等板材,用于制作立体字和各类标志(图 5 – 13)。

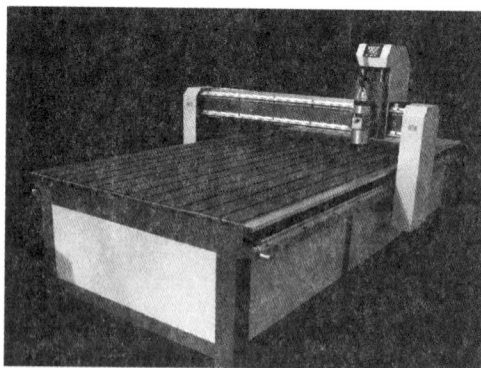

图 5 – 13

5. 激光切割机

激光切割是将从激光器发射出的激光,经光路系统,聚焦成高功率密度的激光束。激光束照射到工件表面,使工件达到熔点或沸点,同时与光束同轴的高压气体将熔化或气化金属吹走。随着光束与工件相对位置的移动,最终使材料形成切缝,从而达到切割的目的(图 5 – 14,图 5 – 15)。

图 5 – 14

图 5 – 15

激光切割加工用光束代替了传统的机械刀,具有精度高,切割快速,不局限于切割图案限制,自动排版节省材料,切口平滑,加工成本低等特点,将逐渐取代传统的金属切割工艺设备。激光刀头的机械部分与工件无接触,在工作中不会对工件表面造成划伤;激光切割速度快,切口光滑平整,一般无需后续加工;切割热影响区小,板材变形小,切缝窄(0.1mm ~ 0.3mm);切口没有机械应力,无剪切毛刺;加工精度高,重复性好,不损伤材料表面;数控编程,可加工任意的平面图,可以对幅面很大的整板切割,无需开模具,经济省时。

6. 激光打标机

激光打标是用激光束在各种不同的物质表面打上永久的标记。打标的效应是通过表层物质的蒸发露出深层物质,或者是通过光能导致表层物质的化学物理变化而"刻"出痕迹,或者是通过光能烧掉部分物质,显出所需刻蚀的图案、文字。(图 5 – 16)

7. 真空注型

真空注型机,又名真空复模机,适用于快速成型,快速硅胶模具制造,小批量塑胶件复制、生产,能够减小开模成本和风险(图 5 – 17)。真空注塑产品系统包括真空注型机,及相关的真空脱泡机、离心脱泡机、烤箱等设备。真空注塑是在真空条件下,向硅橡胶模具中注入热硬化树脂,以获取所需形状的成形法,尺寸轮廓纹理准确且没有瑕疵。此真空注塑成型法,可以取代 ABS、PP、PM-MA、PA 及其他橡胶需要注塑模成形。复制的产品精度高、质量好,为一完整整体,完全满足设计需求的各种功能,成型材料包括 PU、ABS、PP、PVC、POM、尼龙等等,同时可复制出透明件如 PC,有机玻璃(PMMA)等,热塑性弹性体 TPR、TPR、TPU 等以及各种软性材料如硅胶、橡胶等。同时可在复制产品中添加各种颜色,以满足各种外观需求。产品复制不受体积、复杂程度、各种结构等影响,开模容易,周期短,见效快。由于不需要金属模具,能够以低成本制作高精度的试制品(图 5 – 18)。

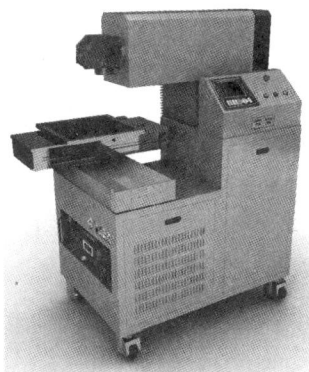

图 5 – 16

8. 烘箱

烘箱是一种加热设备(图 5 – 19),在工业设计中主要应用于材料的加热、软化,比如可以用烘箱对塑料材质进行加热软化,然后利用简易模具热压成型;也可以用烘箱对工业油泥进行加热软化并保温,使之可以用于塑形,如汽车油泥成型。

图 5 - 17

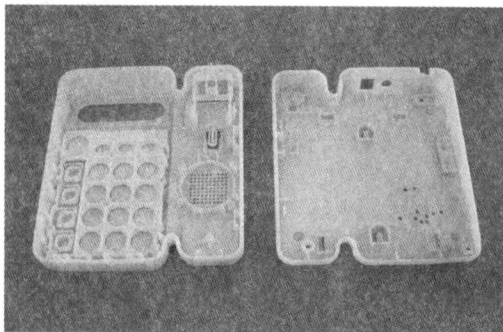

图 5 - 18

图 5 - 19

5.1.3　先进测量加工技术

1. CNC

CNC(数控机床)是计算机数字控制机床(Computer Numerical Control)的简称,是一种由程序控制的自动化机床(图 5 - 20)。该控制系统能够逻辑化处理具有控制编码或其他符号指令规定的程序,通过计算机将其译码,从而使机床执行规定好了的动作,通过刀具切削将毛坯料加工成半成品、成品零件。CNC 加工的主要原理是利用刀具的高速旋转进行切削加工(图 5 - 21),一般三轴加工中心可以让刀具从上左右前后方向 XYZ 三个维度进行运动,如果工件夹具还可以让工件以 X 轴为轴线旋转就是四轴加工中心,同理在此基础上如果能增加以 Y 轴为轴线的旋转就是所谓的五轴加工中心。当然,刀具本身具有五个维度的运动能力,也是五轴加工中心(图 5 - 22)。

图 5 - 20

图 5 - 21

图 5 - 22

2. 三维扫描仪

三维扫描仪（3D Scanner）是一种科学仪器,用来侦测并分析现实世界中物体或环境的形状（几何构造）与外观数据如颜色、表面反照率等性质（图 5 - 23）。搜集到的数据常被用来进行三维重建计算,在虚拟世界中创建实际物体的数字模型。这些模型具有相当广泛的用途,工业设计、瑕疵检测、逆向工程、机器人导引、地貌测量、医学信息、生物信息、刑事鉴定、数字文物典藏、电影制片、游戏创作素材等都可见其应用。三维扫描仪的制作并非仰赖单一技术,各种不同的重建技术都有其优缺点,成本与售价也有高低之分。

三维扫描仪常用于逆向工程,对已有的产品或产品实物模型进行三维测量或三维扫描获取形态尺寸数据,通过数据采集优化自动实现原形复制建立形态模型,通过变更数据实现改型设计,从而获取相关的设计信息。该项技术为艺术品复制和生产制造提供了方便之道,缩短了设计与制造周期,保证了设计的可靠性和可行性,该项技术也是基于计算机信息技术应用的,为人们提供了新的设计技术和方法,利用该项技术设计师可以以最短的设计周期最少的开发费用,实现产品的小批量生产,快速投放市场,为企业赢得了商机。

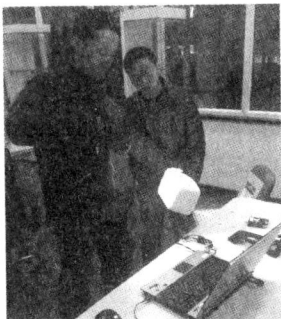

图 5 - 23

3. 三维打印机

三维立体打印机,也称三维打印机（3D Printer,3DP）是快速成型（Rapid Prototyping,RP）的一种工艺,采用层层堆积的方式分层制作出三维模型（图 5 - 24,图 5 - 25）。其运行过程类似于传统打印机,只不过传统打印机是把墨水打印到纸质上形成二维的平面图纸,而三维打印机是把液态光敏树脂材料、熔融的塑料丝或石膏粉等材料通过喷射粘结剂或挤出等方式实现层层堆积叠加形成三维实体（图 5 - 26）。该项技术可快速将设计的 CAD 数据模型转化成实物模型,方便验证设计师的设计思想和产品结构设计的合理性、生产工艺性、造型效果和发现设计中存在的问题,大大降低了设计与生产周期。

图 5－24

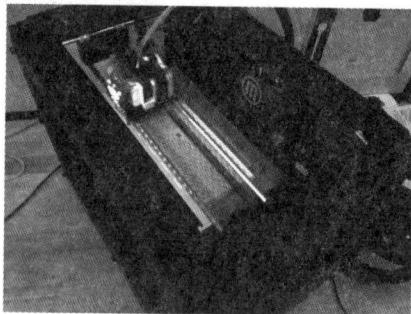

图 5－25

图 5－26

5.2　模型制作材料

　　模型制作材料品种繁多,从气态、液态到固态,从单一材料到复合材料。怎样去选择制作材料,是产品工业设计师首先必须考虑的问题。作为制作模型的物质基础,如果材料选择不当,不仅有损于设计的表达,还会增加加工制作难度,造成时间和经济上的浪费。所以,设计师必须具备广泛的材料知识,以免因选材不当,给设计带来不必要的损失。

　　一般来说设计材料的选择应遵循下面几条基本原则:

　　(1)物理性能好。材料的性质应满足设计产品的功能、结构及使用环境。

　　(2)加工成型性好,强度及韧性,刚度和硬度适中,符合加工工艺的要求。

　　(3)材色悦目、纹理美观,干缩、湿涨和翘曲变形性小,不受环境气候影响。

　　(4)表面工艺性好,着色、胶合、涂饰性能好。

　　在高科技迅速发展的今天,新材料不断涌现,我们应当及时了解掌握各种新的材料信息,这样会给产品设计工作者增添更加丰富多彩的设计形式与风格。

　　1)用于做参考模型的材料

　　这类模型主要用材为黏土、油泥、石膏、泡沫塑料,用这些材料加工初级模型既快速又方便,可塑性强。

2）用于做结构功能模型的材料

这类模型主要用材为聚氯乙烯树脂塑料型材,也可采用木材、硬质泡沫塑料、工程塑料、金属材料等。

3）用于做样机模型的材料

这类模型在条件允许的情况下,应尽可能根据实际样品设计的要求,选择真实材料,包括其他辅助配件。

5.2.1　石膏

石膏是一种天然的含水硫酸钙矿物。纯净的天然石膏,是无色半透明的结晶体。普通天然石膏只能作某些产品的原料,不能单独使用,只有通过提炼加工,才能成为一种实体材料使用。用来制作产品模型的石膏,即所谓"半水石膏"(又称熟石膏),它是天然石膏(生石膏)进行加温锻烧炒制而成,石膏粉和适量的水混合后就会凝结成固态物。在石膏粉质量一定的条件下,石膏模型的气孔率与机械强度取决于制作时的润湿水量。石膏的润湿水量愈少,则制作的模型密度愈大,机械强度愈高,气孔率愈低。若石膏的润湿水量愈多,则石膏模型的密度小,机械强度低,气孔率高,变得比较松软。我们制作中摸索到石膏与水的配比,一般为1.2∶1或1.35∶1,这样比例软硬程度适当。

对于新购置的石膏粉或搁置陈久的石膏粉,在使用前须先以少量石膏加水试验,与水调配成浆液,放置在平面上约15min若还不凝固,则说明此石膏粉不能再用了。以下是影响石膏凝固时间的几种因素:①如果水少凝固的时间短,反之则增长;②如果水温高凝固的时间加快,反之时间减慢;③搅拌愈多愈急剧,凝固愈快,反之凝固减慢;④加入少量的食盐,使凝固速度加快如加入一些胶液则能减慢凝固时间。需要注意的是石膏模型晒干一般需要2天时间,晾干一般需要5天时间。

在产品模型制作中一般常用的成型方法主要有塑造加工成型法,模板刮削成型法,浇注成型法。其中,浇注成型法需要制作模具通常用于石膏产品的批量制作,如绘画用的石膏头像。

1）塑造加工成型法

即"减法"成型,将浇注好的基本模坯,进行"毛坯"加工,在毛坯上绘制出图形轮廓线,用雕刻刀直接在石膏上雕刻成型,步骤为先方后圆,先整体后局部,逐步完成(图5-27,图5-28)。

图 5-27

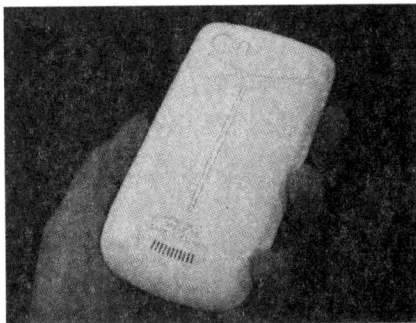

图 5-28

2）模板刮削成型法

用模板挤压已制好的并相当湿润的石膏毛坯初塑成型。模板成型的用具由滑动模板和模板架构成。使用模板挤压石膏毛坯前,首先在毛坯上画好与导边的距离,挤压时用双手平衡地拉动整个模板,紧贴着手边慢慢地在石膏毛坯处逐层地刮削,切出所要的形状。拉动时按同一方向进行,不可来回刮动。每次刮削后,应迅速把模板上的石膏清除,并常在毛坯上喷洒些水雾,以使切削边缘更加光滑。

3)浇注成型法

将模具内壁表面均匀涂覆一层脱模剂,将半水石膏粉倒入水中,均匀搅拌成糊状,将搅拌好的石膏浆倒入模具内,用竹棒或木棒搅动模具内石膏浆,尽可能排除空气。浇注后剔除多余原料,待石膏浆料固化。卸去型腔,待石膏模发热后,双手垂直拔出石膏模,不可左右旋转石膏模。

5.2.2 陶泥

陶泥也叫陶土,材料以无机非金属矿物等为主要原料,包括多种含水的铝硅酸盐的混合体,如高岭土、钠长石、石英等。这些都是天然原料,由于天然原料中杂质较多,成分复杂,不能满足高档产品的要求,故生产中越来越多的采用化工原料。如氧化铝、二氧化钛、二氧化锆,以及各种碳化物,氮化物和碱土,金属碳酸盐(碳酸钡、碳酸美)等,经过人工合成加工为坯料。由于材料价格便宜且便于保存,陶泥在工业设计中通常来制作概念草模或用于造型塑造训练。由于陶泥属于水性材料,干后容易龟裂,塑造的模型不易保存,因此,往往将塑造的模型,再翻制成石膏模型,便于长期保存。泥料的"目数"也称为"码数",是评价泥料粗细的一个指标,与品质无关。使用筛子过滤泥料,称为"过目"。比如用80目的筛网过目得到的是80目的泥料,用40目的筛网过目得到的则

图 5 - 29

是40目泥料。一般来说,以60目为基准,60目以下的算是粗(即粗糙)的,60目以上则为细(即细腻)的。细腻的泥料价格高,主要作为产品原料使用,如制作茶壶、茶杯等。模型训练中常用40目的泥料(图5-29)作为材料,通常可以去泥料厂购买制作花盆的"熟泥坯料"就可以满足要求。

陶泥模型一般以传统手工加工方式来制作,也可用机械设备加工。塑造前应先对图形做通盘考虑,再动手塑造出大致的几何形体,而后逐步过渡加工成粗形。切记不要一开始就陷入局部结构、形态、准确的尺寸中进行精雕细刻,花去太多时间。如果要塑造稍大一点的形体模型,先要做出骨架,再把合好的泥坯一小块一小块抹压在骨架上,用木棒或木槌槌紧拍实。程序是先内后外,先左后右,从上至下,先大面而后局部,不停槌拍和添加泥料,直至达到大致尺寸(图5-30)。

图 5 - 30

陶土模型如作为一般草模(初模)和概略模型,就不必进行细致的表面加工,但制作级别高的结构或功能产品模型时,就需要作认真的表面加

工,仔细的修补。在塑造模型干透后的修补,应先将要修补部分湿润后方能进行。完工后清除型体表面污物,并打磨刷去灰尘,涂刷虫胶漆或树脂胶溶液 2 ~ 3 遍,置于通风处慢慢干燥。如果放到烘烤箱烘烤,温度不能太高,过高过急会产生龟裂,最好是放到阴凉通风处吹干,然后进行刷涂或喷涂油漆并进行装饰。假如粘土模型是为翻制石膏模型用的胎模,在塑造完后涂刷隔离层溶液,即脱模剂,虫胶漆、肥皂溶液、凡士林等刷涂 2 ~ 3 遍后可供翻模。注意不能涂刷过多,刷多了的溶液要用笔吸出,否则会影响细部轮廓的翻模效果。

5.2.3　油泥

油泥与一般的橡皮泥类似,但要求更高,油泥的主要成分有滑石粉 62% ,凡士林 30% ,工业用蜡 8% 。可分为一般性油泥和工业油泥两种类型:

1)一般性油泥材料

(1)配比:粘土、干粉、滑石粉等(起填料作用)占 60% ~ 62% ;润滑脂、黄油、凡士林(作柔性粘结剂用)占 30% ~ 32% ;石蜡(作固定性粘结剂用)占 8% ~ 10% 。加工配制时的比例,可视周围环境温差而作适当改变。

(2)一般油泥材料的加工。将石蜡和凡士林盛装锅中加温,待融化成液体后,再徐徐倒入干粉搅拌至均匀就可以使用,如果要塑造较大的模型,要采用较大的加工设备。油泥材料属油性物质,配制时需特别注意防火。

2)工业油泥

工业油泥也称为"埃地油泥"(又称:工业油泥、彩色油泥、开模油土、工业橡皮泥、合模胶泥、埃地油泥、模具油泥、精雕油泥、精细模型油泥、工业造型油泥、彩色油土、模具泥、学生雕塑泥、美院专用雕塑泥、手板泥、手工泥、油泥板),在室温下是硬的,加热后变软,油泥的可塑性好,稍加热后可用刮板进行顺畅的加工制作(图 5 – 31)。这类油泥有很多种,但是均必须具备颜色均匀、颗粒细、随温度变化的膨胀及收缩量小,易填补并具有良好的外观等品质。以高品质环保基料和其它多种柔性材料混合而成的,具有优异的成型性,优异的手感,密度均匀,在很多领域已得到广泛应用,如汽车设计、飞机设计、家电设计等。专业的工业油泥必须通过恒温在60℃的烤箱进行加热,加热 2 ~ 3h 后,油泥外部及内部都得到均匀的软化后方可进行直接的粗敷,好的工业油泥刮削时非常细腻,通过不同角度、长度的工具进行有效地配合操作使油泥形面慢慢地通过修整表现出来。

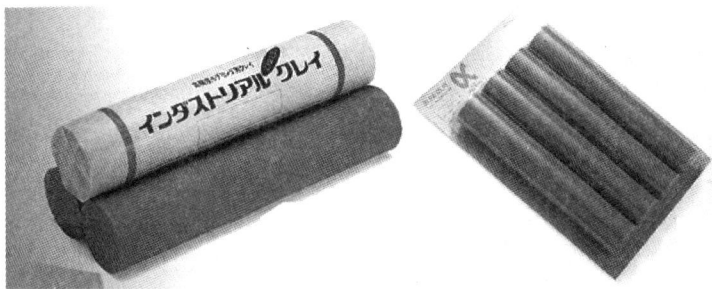

图 5 – 31

油泥模型所表达出涵盖的形态信息最为准确,它能将设计印象通过三维形态进行具体的表现(图 5 – 32,图 5 – 33)。在制作过程中,通过反复、直观地确认形态,不断地修整出更好的形状。油泥模型是给决策层等领导及相关部门进行设计评审的最佳道具。油泥模型的制作流程有：①制作关键线图；②制作模板；③骨架内芯的制作；④骨架上定中心点；⑤粗敷油泥；⑥模板定位；⑦油泥初刮；⑧根据模板来造型及修正模型比例；⑨检验高光；⑩贴专业造型用薄膜（或通过打磨腻子后进行喷漆）；⑪通过贴胶带进行涂装；⑫最终展示。

图 5 - 32

图 5 - 33

5.2.4 塑料

塑料是一种具有多种特性的实用材料，其原料广泛，性能优良，加工成型方便，具有装饰性和近代质感，价格较低廉，广泛用于各个领域。

1. 塑料的特点

①质轻无色透明，可以任意着色；②比强度高（抗拉强度/比重），常温及低温均无脆性。塑料的比重一般为钢的 1/8 ~ 1/4，是铜的 1/9 ~ 1/5，是铝的 1/3 ~ 2/3；③质硬而有舒适感，具有适当的弹性、柔性及耐磨损，熔点也较高；④在户外不受日光中紫外线的影响，不受气候变化的影响；⑤化学性稳定较好，对一般酸碱等普通化学药品，均有良好的抗腐蚀能力；⑥具有良好的绝缘性，吸震性和消声性；⑦缺点有强度不如金属材料高，耐热性差，导热性不好，易老化，胀缩变形大等。

2. 塑料模型用材料

塑料型材是从事产品设计和模型制作的一种新型材料，分为塑胶型材与发泡塑胶，通常加工成为板材（薄板与厚板）、棒材、管材、条材、异形材等，如塑胶压克力、ABS、PVC、PS、PU 等。

1）塑料型材

（1）丙烯酸塑料（Acrylic 又称"压克力"），属丙烯树脂类。由丙烯酸酯或聚甲基异丁烯酸树脂，聚合物或共聚物，经加热加压制成各种型材，具有质硬、透明特质的板材，有无色透明、彩色透明、彩色不透明、彩色半透明、乳白半透明、各种花纹颜色等多种。耐气候性，适宜加热成形及机械加工。冲击强度高，140℃ ~ 180℃ 可以软化，具有热塑性，不受碱和弱酸影响，常温可溶于氯仿等。材质精细，可作原型及操作功能的模型，细小精致工艺品，家具与室内装饰。板材加工容易，可利用热弯及粘接成形，或者以压合模，真空成型等制作复杂曲面造型。切记在作热变形处理时，加热要均匀，避免过热产生收缩起泡或烧燃现象。常用的有机玻璃是属于聚甲基丙烯甲酯这一类型。

（2）ABS 树脂是由丙烯腈共聚物组成。耐冲击、耐气候及化学药品、耐油、韧性极佳、易于切削、热弯及熔接成形，不透明可电镀，表面可喷漆和装饰，呈黄色溶解于氯仿，是制作模型的理想材料。如果所做模型不要求透明，尽量保持原色就可以采用 ABS，如果要求透明时通常采用压克力材料为好。

（3）PVC 具有良好的耐电性及耐水、醇、酸与碱等性质。常见为灰色,多用于管料。

塑料成型加工是一门工程技术,所涉及的内容是将塑料转变为塑料产品的各种工艺包括:注塑成型、挤出成型、压制成型、吹塑成型、热成型、压延成型等。一般来说塑料模型涉及的成型方法较为简单,主要有拼接成型、热压成型等。

拼接成型是将板材根据需要的样式通过手工或机器切割成块,然后将块面拼接起来(图 5 - 34,图 5 - 35)。这种加工方法适合结构简单、形态不复杂,没有或少有曲面的模型制作。塑料件间的粘结主要由胶粘剂来完成。

图 5 - 34

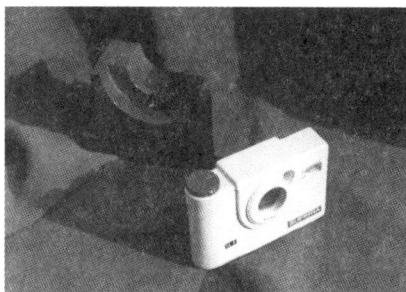

图 5 - 35

热压成型是利用塑料自身遇热易变形的物理特性,多利用模具完成塑形。这种方法适合制作自由曲面较多的模型,一般制作步骤:①制作芯模,材料一般为木材、石膏(图 5 - 36)等;②制作阴模,材料一般为纤维板(图 5 - 37);③套模,将阴阳模合上,将间隙调整均匀(图 5 - 38);④将塑料板材放入烘箱加压使之变软,然后迅速将其附在阳模表面用阴模进行套模,板材冷却后出模(图 5 - 39);⑤将定型的板材修剪、打磨(图 5 - 40)。

图 5 - 36

图 5 - 37

图 5 - 38

图 5 - 39

113

图 5 - 40

2）发泡材料

发泡材料主要指高密度聚氨酯材料或聚苯乙烯材料,通常用于制作保温材料,如楼宇的保温层、冷库的隔热层等。由于定制后的发泡材料具有一定的强度,并且易于切削、打磨,用来制作概念模型十分合适,通常用于评估产品的视觉效果包括造型、尺度、空间布局、人机关系等等（图 5 - 41）。国内院校通常使用高密度聚氨酯材料,这种材料本色偏黄,易于切割、打磨,并且可以用水粉颜料进行上色,如果制作精细甚至可以以假乱真（图 5 - 42）；缺点是加工时有大量粉尘细颗粒,需要佩戴口罩、护目镜,而且材质偏脆,容易损坏。而在欧美院校,通常使用定制的聚苯乙烯材料,类似于我们用于电器包装的泡沫塑料,只不过密度更高,有一定强度,而且有很多种颜色可以选择；缺点是雕刻时难以十分精细,模型感比较强。发泡材料一般用手持工具加工制作或是借助类似于线锯、打磨机、切割机的电动工具,如果造型比较复杂,或是体积比较大,可以采用平板雕刻机或 CNC 雕铣机进行加工。

图 5 - 41

图 5 - 42

5.2.5 纸材

一般用于制作产品设计中的初步方案模型,以较薄的纸张来制作草模（粗模）,也可以作单曲面成形或室内家具及建筑模型（图 5 - 43,图 5 - 44）。特点是取材容易,价格低廉,做平面或立体形状容易成形的模型,重量轻。缺点是不能受压,怕潮湿,容易产生弹性变形。如果要做稍大一点的纸材模型,在模型内要作骨架,以增强其强度。

图 5 – 43

图 5 – 44

5.2.6　钣金

　　钣金主要指以钢板为主的金属材料,一般用于制作体量较大的样机模型。钣金工艺比较复杂,涉及板材切割、冲压、折弯、焊接、打磨、表面处理等多重工艺,制作精度效果与所用加工设备(图 5 – 45)有很大关系,对设计师的结构设计能力与制作人员的技艺水平要求很高。

图 5 – 45

5.2.7　加工用五金材料

　　模型制作过程中通常会用到各种五金材料,主要用于材料的连接、加固。五金件品种繁多,主要包括:

　　(1)各种钉制品,圆钉、鞋钉、木螺丝钉等。

　　(2)各种垫片,干垫、弹簧垫、保险片等。

　　(3)各种螺丝及螺帽。

　　(4)各种直径的铁丝及钢丝,镀锌、镀铬、镀铜及普通钢丝和不锈钢丝等。

　　(5)各种铰链、活页、搭扣、滑轮、加强铁(T 型、J 型、L 型、门型、S 型)等。

　　(6)各种电器材料及电子材料。

5.3 模型制作主要辅助工艺与材料

5.3.1 粘接

在产品模型制作中,常要采用粘合剂连接组装成型。粘合剂种类很多,对于有机玻璃、塑料型材加工制作的模型,大都采用氯仿(三氯甲烷),丙酮等溶剂型胶粘剂。对于纸材、木材、织物、皮革等常用的有 502 泡沫胶、玻璃胶、乳白胶、百得胶、动物胶、植物胶、胶带纸、浆糊等。粘接对象有金属、橡胶、塑料、陶瓷、玻璃、水泥、石膏、木材、织物、皮革等。粘接时可以在同类材料之间进行,也可以在异种材料之间进行。由于异种材料的性能不一样,故在选用胶粘剂时,要兼顾二者的特性,才能得到较好的粘接质量。

粘接面设计是否合理,也会对粘接物产生影响。各种粘接面的设计技术基本要求是:

(1)保证在粘接面上应力分布均匀。

(2)将应力减少到最小限度,使之纯粹的受拉力和剪力,最好的结构为套接,其次为槽接或斜接。

(3)尽可能扩大粘接面积。

对任何粘接面与接头,不论多么复杂,均可以分成四种基本形:对接、角接、"T"型接、平面粘接。一般金属材料与非金属材料粘接时,常规工艺步骤是将要进行粘接的被粘物进行表面处理—选配粘胶剂—调匀涂抹胶—静放凉置—加压贴合—固化粘牢。

5.3.2 原子灰嵌填

原子灰俗称腻子(又称不饱和聚酯树脂腻子,英文名:Poly - Putty Base)是发展较快的一种新型嵌填材料,能很好地附着在物体表面,并在干燥过程中不产生裂纹。原子灰主要是对底材凹坑、针缩孔、裂纹和小焊缝等缺陷的填平与修饰,满足面漆前底材表面的平整、平滑。广泛应用于火车制造、轮船制造、客车制造、工程机械制造、机床机械设备制造、汽车修补(图 5 -46)、家具、模具、混凝土砼体类建筑物及各种需要填平修补的金属制品、木制品、玻璃钢制品等领域。

图 5 - 46

5.3.3 喷涂

模型喷涂的主要目的是防止模型或零件表面腐蚀,起保护作用,同时被广泛用于着色起到美化的作用。产品模型常用涂料主要有两类:

1. 广告水粉颜料

水粉颜料一般用于绘画,但在模型制作中常用来涂色,一般用在石膏模型或发泡材料的表面处理上。在使用中为了防止颜料涂完后脱落,可在涂料中渗入少量透明乳胶溶液,能起保护作用,或者在涂饰后在涂饰面刷(喷)一层清漆。

2. 油性涂料

油性涂料采用较多的为天然漆和人造漆两大类。也可按原料成分及用途来分。涂料的选择根据模型材质和品质要求来确定。在模型制作中,除了钣金表面不宜用油漆处理以外,其他材质均可以采用油漆喷涂处理。需要注意的是,油漆之前产品表面需要进行预处理,主要包括刮腻子、打磨、喷底漆。腻子是一种厚浆状涂料刮腻子是指通过填补或者整体处理的方式,通过打磨清除基层表面高低不平的部分,保持产品表面的平整光滑,是基层处理中最重要的步骤。底漆,是指直接涂到物体表面作为面漆坚实基础的涂料,要求在物面上附着牢固,以增加上层涂料的附着力,提高面漆的装饰性。

5.3.4　抛光

抛光主要用于对模型表面有光泽度要求的场合,比如有机玻璃的表面处理。操作以手工或抛光机进行,简便的手工方法是将一块绒布或绸布、海绵蘸砂蜡在物件表面来回反复擦试,直至合乎要求。常用材料主要有砂蜡和油蜡。砂蜡由石蜡、凡士林及极细磨料组成,可用于精细展示模型表面最后的抛光擦试;油蜡是在砂蜡加工擦拭之后,再以油蜡抛光,增加物件表面光亮度,加工方法与砂蜡相同。

5.3.5　丝网印刷

丝网印刷属于孔版印刷,它与平印、凸印、凹印一起被称为四大印刷方法。孔版印刷包括誊写版、镂孔花版、喷花和丝网印刷等。孔版印刷的原理是:印版(纸膜版或其它版的版基上制作出可通过油墨的孔眼)在印刷时,通过一定的压力使油墨通过孔版的孔眼转移到承印物(纸张、陶瓷等)上,形成图象或文字(图 5 - 47)。

印刷时通过刮板的挤压,使油墨通过图文部分的网孔转移到承印物上,形成与原稿一样的图文。丝网印刷设备简单、操作方便,印刷、制版简易且成本低廉,适应性强。丝网印刷常见的应用有:彩色油画、招贴画、名片、装帧封面、商品标牌、指示标志(图 5 - 48)以及印染纺织品等。

图 5 - 47

图 5 - 48

第6章
工业产品常用材质与加工工艺

6.1　材质的历史

　　翻开人类进化史,我们不难发现,材料的开发、使用和完善贯穿其始终。人类从石器时代、陶器时代、铜器时代、铁器时代步入当代的人工合成材料时代,材料早已成为人类赖以生存和生活中不可缺少的重要部分,它是人类文明和时代进步的标志,是社会科学技术发展水平的标志。比如古代人类用木柱作轮子,之后用木头通过结构的优化来制作轮子,进入工业时代开始采用金属作为轮子的支撑,到了现代采用金属、橡胶为材料,集成了两者的优点来制作轮子(图6-1)。

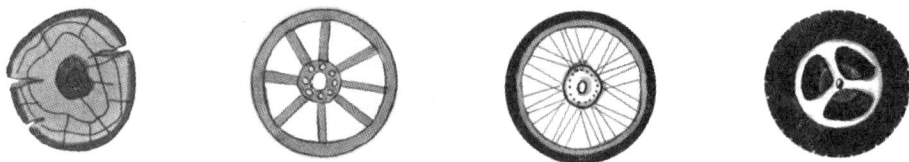

图 6-1

6.1.1　石器时代器物的造型

1. 石器

　　最早的石器是砾石制造的,它们已体现了一定程度的标准化,这既是为了适应使用要求,也是要适应当时的技术和材料的限制(图6-2,图6-3)。随着石器的发展,还促成了人类对工具器物造型的色彩感的觉醒;对器物表面光洁的追求;注意造型物的色泽与质地;追求造型的对称、秩序和韵律等等(图6-4)。

图 6-2　　　　　　　　图 6-3　　　　　　　　图 6-4

2. 陶器

陶器的发明是氏族社会形成后的一项重要成就。由于人们对黏土的不断认识和选择,制作技术的逐步熟练,成型方法也就有手捏制、泥条盘筑、轮制等多种。原始社会的陶器(图 6 – 5,图 6 – 6)造型样式以及具体到造型的各部分处理,虽然是首先考虑使用的合理和方便,但同时也是按照朴素的审美原则进行创造的。

图 6 – 5

图 6 – 6

6.1.2　青铜时代器物的造型

公元前 4000 年世界陆续进入青铜器时代。制陶技术的发展为炼铜准备了必要的条件。由于青铜材料的性能和铸造技术的特点,使青铜器(图 6 – 7,图 6 – 8)的造型能够进行更深入地刻画,从而使其造型更富于变化、并出现了许多新的样式,造型艺术已达到了较高的水平。

图 6 – 7

图 6 – 8

6.1.3　铁器时代器物的造型

我国从春秋战国时期开始大量使用铁器(图 6 – 9,图 6 – 10)。从战国铁器遗址中,发掘出了浇铸农具用的铁模,说明冶铸技术已由泥沙造型水平进入铁模铸造阶段。到了西汉时期,炼铁技术又有了很大的提高,以煤为炼铁的燃烧材料,这要比欧洲早了 1700 多年。

由于钢铁的性能优良,加工性能好,成本低,经过许多世纪的发展,特别是 17 世纪的科学革命和 18、19 世纪的工业革命,促进了手工业生产方式向采用机器成批生产的新时代跃进。

图 6 – 9

图 6 – 10

6.1.4 工业革命之后新材料形成的产品造型

工业革命促使工业进入了大机器时代,但由于将技术与艺术分离,虽然新材料不断涌现,但新材料、新工艺形成的产品造型样式往往不够协调,如图 6 – 11 所示的鼓形书架。新材料包括:钢铁、玻璃、高分子材料、复合材料等。

图 6 – 11

6.1.5 人工合成材料时代的产品造型

进入 20 世纪以后,现代科学技术和生产飞跃发展,材料、能源和信息作为现代技术的三大支柱,发展格外迅猛,其中以人工合成高分子材料的发展最快。人工合成材料的大量运用,促进了工业产品造型发生了较大的变化。工程塑料的发展,伴随其特性的不断改进,使得几乎所有的产品都有了新的形式。在工业产品中,正是因为采用了新材料而增加了产品的功能特点,设计者能够根据产品造型的要求来选择或设计材料,产品造型的自由度和可能性更大,比如用仿木质材料制作电脑机壳(图 6 – 12)。

图 6 – 12

6.2　工业设计常用材料与加工工艺

材料是人类用于制造物品、器件、构件、机器或其他产品的物质,是人类赖以生存和发展的物质基础。材料的分类方式有很多种,从物理化学属性来分,可分为金属材料、无机非金属材料(包括陶瓷和玻璃材质)、高分子材料(包括塑料和橡胶材质)和不同类型材料所组成的复合材料。工业产品中通常涉及金属、塑料、陶瓷、玻璃、木材五种材料,其中金属材料与塑料最为常用,下面将重点介绍这两类材料的特性与主要加工工艺。

6.2.1　金属材料及其加工工艺

金属材料是产品造型设计常用的材料之一。金属材料具有金属光泽,是热和电的良好导体,具有优良的力学性能和优良的可加工性,通过喷塑、电镀等表面处理方法可以产生不同的质感。金属材料常用在产品外壳的制作或是连接结构上(图 6 – 13,图 6 – 14),也可以作为装饰材料局部附着(图 6 – 15)。

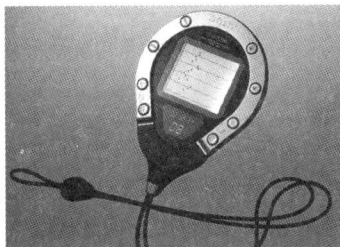
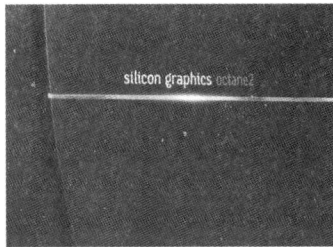

图 6 – 13　　　　　　　　　　图 6 – 14　　　　　　　　　　图 6 – 15

常用作产品的造型的金属材料有:钢铁包括冷扎板、热扎板、各类型材、铸铁、铸钢、不锈钢板、不锈钢型材等;铝及铝合金比如铝镁合金;其他合金。

金属加工工艺主要包括铸造、压力加工、焊接、切削加工等,在工业设计领域常用的金属加工工艺以铸造加工和钣金加工为主,其他加工方法辅助。铸造加工一般用来大批量制造产品复杂零件,而钣金加工主要是针对金属薄板(通常在 6mm 以下)的一种综合冷加工工艺,包括剪、冲、切、折、焊接、铆接、拼接、成型(如汽车车身)等,其显著的特征就是同一零件厚度一致。钣金加工基本设备包括剪板机、数控冲床、激光、等离子、水射流切割机、复合机、折弯机以及各种辅助设备如:开卷机、校平机、去毛刺机、点焊机等。通常,钣金工厂最重要的三个步骤是剪裁、冲压或切割、折弯。

1. 铸造

铸造指把熔化的金属液浇注到与零件形状相适应的铸型中(图 6 – 16),使其凝固获得铸件和毛坯的方法。分为砂型铸造、特种铸造两类,特种铸造又包括金属型铸造、压力铸造、离心铸造、熔模铸造等。铸造的主要特点是:①可生产形状复杂件,如箱体、床身、机架、矿车轮等;②铸造方法适应性广;③低成本;④节省金属、毛坯与零件相近。在工业设计中铸造通常用来制造产品精度要求不高的零部件(精密铸造除外),如机床的机架、承重的结构件等,也有部分产品采用铸造工艺成型,如高尔夫球杆杆头(图 6 – 17)。

图 6 – 16

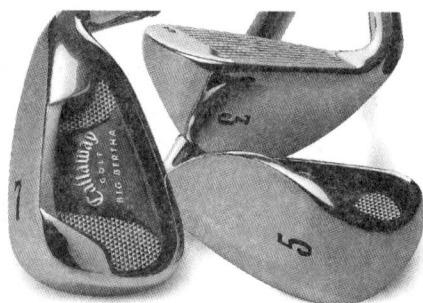

图 6 – 17

2. 压力加工

压力加工指利用金属在外力下所产生的塑性变形,来获得具有一定形状、尺寸和机械性能的原材料、毛坯或零件的生产方法。其特点是力学性能好,生产率高,成型容易。压力加工分为轧制、挤压、拉拔、自由锻、模锻、板料冲压。

冲压是在室温下,利用安装在压力机上的模具(图 6 – 18)对材料施加压力,使其产生分离或塑性变形,从而获得所需零件的一种压力加工方法。冲压加工特点:冲压生产率和材料利用率高;生产的制件精度高,复杂程度高、一致性高(图 6 – 19);模具精度高,技术要求高,生产成本高。冲压用材料的形状有各种规格的板料、带料和块料。

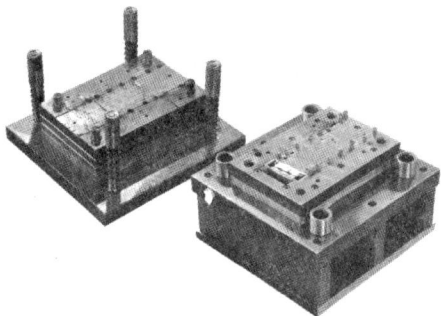

图 6 – 18

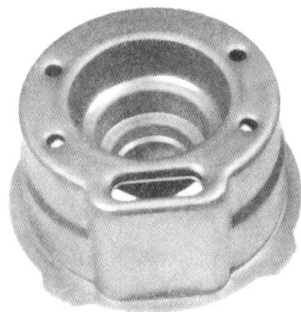

图 6 – 19

折弯加工也是一种常见的压力加工的方法,金属板材的弯曲和成型是在折弯机(图 6 – 20)上进行的,将要成型的工件放置在折弯机上,用升降杠杆将刀具提起,工件滑动到适当的位置,然后将刀具降低到要成型的工件上,向下挤压,通过模具形成形变(图 6 – 21,图 6 – 22)。

图 6 – 20

图 6 – 21

图 6 – 22

3. 焊接

焊接的实质是用加热或加压等手段,借助于金属原子的结合与扩散作用,使分离的金属材料牢固地连接起来(图 6 – 23)。金属的焊接方法分为熔化焊、压力焊及钎焊。①熔化焊:接头局部加热至熔化状态,通过结晶凝固而连接成不可拆卸的整体,主要包括电弧焊、气焊、CO_2 保护焊、氩弧焊、激光焊、电子束焊等。②压力焊:对焊件施加压力(可同时加热),通过塑性连接、金属再结晶和原子扩散获得原子间结合。主要包括电阻焊(点焊、缝焊、对焊)和摩擦焊、冷压焊、爆炸焊、锻焊等。③钎焊:低熔点钎料熔化并渗入被焊工件接头间隙中,然后通过原子扩散而实现连接,锡焊、铜焊、银焊等。

图 6 – 23

4. 切削加工

切削加工是利用刀具切削掉多余金属,获得符合要求的几何形状,尺寸及表面粗糙度的机械零件(图 6 – 24)。金属切削加工的分类:①人工(钳工);②机械加工。金属切削主要依靠各类通用机床(万能机床)、专用机床。

图 6 – 24

6.2.2　塑料及其加工工艺

塑料是具有可塑性的高分子材料,通常可在加热、加压条件下塑制成型,故称为塑料。塑料它品种繁多,性能特点各异,应用范围广泛,在设计材料中占有很大的比重。随着材料科学的发展,塑料由通用性向工程塑料、功能塑料、高机能塑料发展,是材料领域内应用与发展最为迅速的材料,人们生活工作中使用的各种材料有 70% 以上是塑料,塑料有良好的综合性能和优良的使用价值,在产品造型设计(图 6-25,图 6-26)、结构设计(图 6-27)中广泛应用。

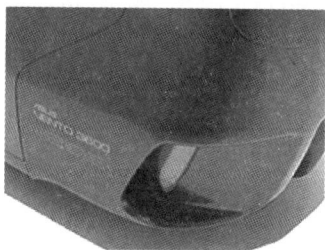  

图 6-25   图 6-26   图 6-27

  塑料以有机合成树脂为基础,再加入为改善塑料的性能添加剂组成。塑料随组成成分不同,成型条件、使用环境、使用条件不同,性能有较大的变化,但塑料共有的综合特性如下:大多数具有透明性,易着色,不易变色,具有光泽和色彩鲜艳的特点;强度好,质轻,抗冲击性好,耐腐蚀;电绝缘性好,导热性差;易于切削、焊接、表面处理,适宜各类成型加工;不耐高温,热稳定性差,易收缩变形;在长期使用过程中,由于受到各种环境因素的影响,将产生色泽改变,化学结构受到破坏,机械性能下降,变脆变软,最终因老化而无法使用;无法自行销毁,易造成污染。

  塑料按成型方式可以分为两大类:①热塑性塑料:加热时软化并熔融,可塑造成形,冷却后即成型并保持既得形状,而且该过程可反复进行。②热固性塑料:初加热时软化,可塑造成形,但固化后再加热将不再软化,也不溶于溶剂。

  塑料按应用范围可以分为通用塑料、工程塑料、增强塑料、泡沫塑料。通用工程塑料包括:聚乙烯塑料(PE)、聚丙烯塑料(PP)、聚苯乙烯(PS)、聚氯乙稀塑料(PVC)、聚甲基丙烯酸塑料(PMMA)和酚醛塑料(PF)。工程塑料包括:ABS 塑料、聚酰胺塑料(PA)、聚碳酸酯塑料(PC)、饱和聚酯塑料、聚甲醛塑料(POM)等。增强塑料主要有玻璃纤维增强塑料。泡沫塑料主要有聚苯乙烯泡沫塑料。

1. 常用塑料材料及制品

1)聚乙烯塑料(PE)

白色蜡状半透明材料。聚乙烯(PE)适于制造薄膜、塑料瓶(图 6-28)等。

图 6-28

2）聚丙烯塑料（PP）

白色蜡状呈透明状，具有优良的综合性能，用途广，价格便宜。可制造各种机械零件，如法兰、齿轮、风扇叶轮、把手，各种化工管道、容器，以及医疗器械、家用电器部件、包装盒等（图 6 -29，图 6 - 30）。

图 6 - 29

图 6 - 30

3）聚苯乙烯（PS）

无色透明，仅次于有机玻璃，无味、无毒、密度小、耐水、耐光、耐腐蚀。用于制作仪器、仪表外壳、接线盒（图 6 - 31）、开关按钮、玩具、包装及管道的保温层、耐油的机械零件等。

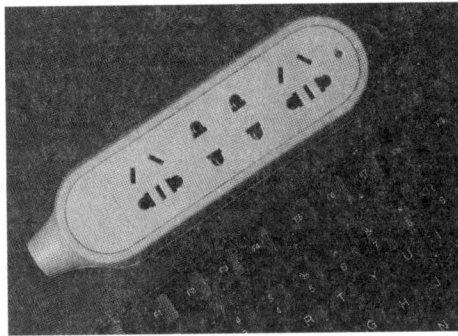

图 6 - 31

4）ABS 塑料

坚韧、质硬、刚性，具有优良综合性能，应用广泛。如各种电器的外壳（图 6 - 32，图 6 - 33）、汽车方向盘、仪表盘、飞机舱内装饰板、小桌板、窗框、隔音板、汽车档泥板、扶手等。

图 6 - 32

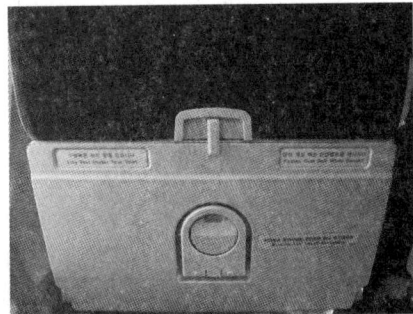

图 6 - 33

5）聚氯乙烯（PVC）

PVC 材料用途极广，具有加工性能良好、制造成本低、耐腐蚀、绝缘等良好特点，主要用于制作：PVC 卡片、贴牌；吊顶、水管、电缆绝缘、塑料门窗、塑料袋等。在产品设计中 PVC 被用来制作各种仿皮革用于箱包及运动制品，如篮球、足球、橄榄球、各类运动防护品（图 6 - 34）等。

图 6 - 34

6）聚碳酸脂（PC）

综合性能优良，冲击韧性、耐热性、耐寒性好。代替有色金属及合金。如小齿轮、泵体、轴承、电器外壳（图 6 - 35）、安全帽（图 6 - 36）。

图 6 - 35

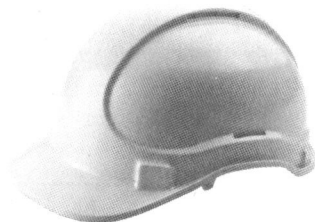

图 6 - 36

7）聚酰胺（PA）

俗称尼龙，白色淡黄色不透明，固体力学性能好。自润滑，耐磨性好，耐热性差。代替有色金属做耐磨件、轴承、齿轮、滚轮（图 6 - 37）。

2. 常用塑料复合材料

复合材料：指两种或两种以上的物理、化学性质不同的物质，经一定方法得到的一种新的多相固体材料。塑料复合的方式主要有：纤维增强复合、层叠复合材料、颗粒复合材料。其中，纤维增强复合材料是常用的复合材料，包括玻璃钢和碳纤维。

1）玻璃钢

玻璃钢也称玻璃纤维（图 6 - 38），是一种性能优异的无机非金属材

图 6 - 37

料，种类繁多，优点是绝缘性好、耐热性强、抗腐蚀性好、机械强度高，但缺点是性脆、耐磨性较差。它是以玻璃球或废旧玻璃为原料经高温熔制、拉丝、络纱、织布等工艺制造成的，其单丝的直径为几微米到二十几微米，相当于一根头发丝的 1/20 ~ 1/5，每束纤维原丝都由数百根甚至上千根单丝组成。玻璃纤维通常有两种用途，一种作为成型材料，可用来制造机器护罩、车辆车身、小型游艇（图 6 - 39）、绝缘抗磁仪表、耐蚀耐压容器和管道以及各种形状复杂的机器构件和车辆配件；一种用作复合材料中的增强材料，尼龙、ABS、聚苯乙烯等都可用玻璃纤维强化，可提高强度和疲劳强度 2 ~ 3 倍、冲击韧性 2 ~ 4 倍、蠕变抗力 2 ~ 5 倍，达到或超过某些金属的强度。

2）碳纤维复合材料

碳纤维是一种含碳量在 95% 以上的高强度、高模量纤维的新型纤维材料（图 6 - 40，图 6 - 41）。碳纤维比玻璃纤维有更高的强度，是理想的增强材料，弹性模量比玻璃纤维高几倍以上，同时质量很轻轻。高温、低温性能好，具有很高的化学稳定性、导电性和低摩擦系数。

图 6 – 38

图 6 – 39

图 6 – 40

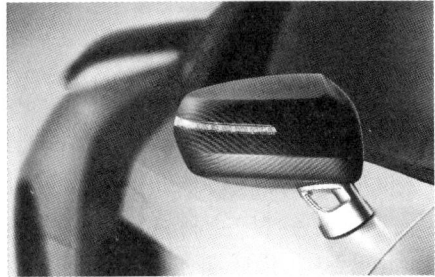

图 6 – 41

3. 塑料生产工艺

塑料的成型工艺是将组成原料经筛选、干燥、过滤、研磨,按配方配料搅拌并塑化,混炼均匀和再塑炼成物料,经过成型设备在一定温度、时间、压力下制成各种成品。成型方式主要包括:注射成型、双色成型、吹塑成型、吸塑成型等。

1)注射成型

注射成型又称注射模塑成型,塑料在注塑机(图 6 – 42)加热料筒中塑化后,由柱塞或往复螺杆注射到闭合模具的模腔中形成制品的塑料加工方法。注射成型方法的优点是生产速度快、效率高,操作可实现自动化,能成型形状复杂的制件。不利的一面是模具成本高,且清理困难,所以小批量制品就不宜采用此法成型。我们的生活中绝大部分塑料产品主要采用的就是注射成型,用这种方法成型的制品有:电视机外壳、半导体收音机外壳、电器上的接插件、旋钮、线圈骨架、齿轮、汽车灯罩、茶杯、饭碗、皂盒、浴缸、凉鞋、日用小工具(图 6 – 43)等。目前,注射成型适用于全部热塑性塑料,其成型周期短,花色品种多,形状由简到繁,尺寸由大到小都可以,而且制品尺寸精确,产品易更新换代。

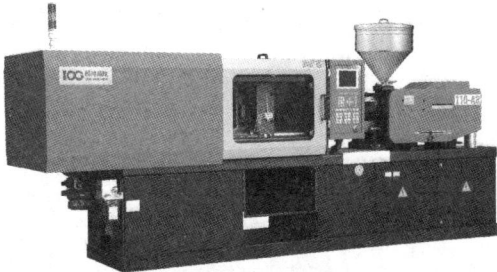

图 6 – 42

图 6 – 43

2)双色注塑

双色注塑成型主要以双射成型机两只料管配合两套模具按先后次序经两次成型制成双色

产品,如牙刷、眼镜设计中常采取的双色注塑工艺(图 6-44,图 6-45)。

图 6-44

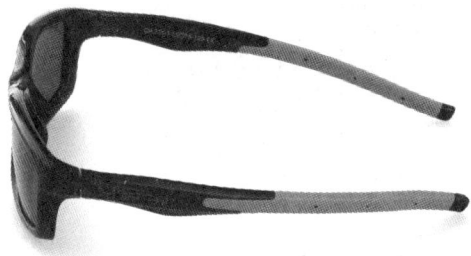

图 6-45

3)吹塑成型

热塑性塑料经挤出或注射成型得到的管状塑料型坯,趁热(或加热到软化状态),置于对开模(图 6-46)中,闭模后立即在型坯内通入压缩空气,使塑料型坯吹胀而紧贴在模具内壁上,经冷却脱模,即得到各种中空制品。吹塑工艺在第二次世界大战期间开始用于生产低密度聚乙烯小瓶。20 世纪 50 年代后期,随着高密度聚乙烯的诞生和吹塑成型机的发展,吹塑技术得到了广泛应用,比如常见的塑胶工具箱大部分都是采用吹塑工艺制作(图 6-47)。适用于吹塑的塑料有聚乙烯、聚氯乙烯、聚丙烯、聚酯等。

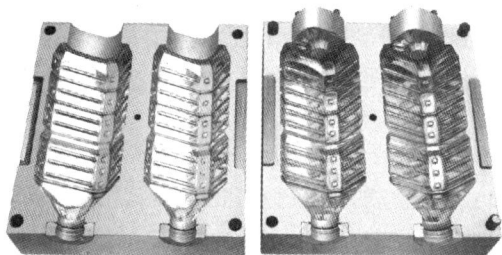

图 6-46

图 6-47

4)吸塑成型

吸塑是利用热塑性的塑料板材为原料,利用气压差施压制造产品的一种方法,基本的过程原理是将塑料板材裁制成一定大小的形状,夹持在吸塑机(图 6-48)的工作平台上加热至热弹状态,利用气压差将塑料板材紧贴在模具上,形成与模具相同的形态,待冷却后脱模修整成制成品。该成型方法适宜于结构形状简单、配合精度要求不高的薄壳产品成型,其模具简单,只需单独的凹模或凸模,常用来加工各类灯箱、汽车内门板(图 6-49)等产品。常用的热塑性板材有:聚苯乙烯、聚酰胺、聚碳酸胺、聚氯乙烯等。

图 6-48

图 6-49

6.3 材料的表面处理工艺

材料的表面修饰是为了实现产品设计的性能要求和造型效果,比如一些塑料产品的表面肌理效果大都在成型时的模具的表面进行加工处理一次成型,如亚光肌理、皮纹肌理等。随着技术的发展,材料也越来越具备欺骗性,由于采用了各种类型的表面处理工艺,很多材料仅从外观难以知晓其内在的材质。例如,很多手机采用的金属边框,其实很多都是对塑料边框采用电镀后的效果,下面将介绍在工业设计中常用的表面处理工艺。

6.3.1 拉丝

拉丝一般指金属拉丝,可根据装饰需要,制成直纹、乱纹、螺纹、波纹和旋纹等几种。直纹拉丝是指在金属板表面用机械磨擦的方法加工出直线纹路(图 6－50,图 6－51)。它具有刷除金属板表面划痕和装饰铝板表面的双重作用。直纹拉丝有连续丝纹和断续丝纹两种。乱纹拉丝是在高速运转的铜丝刷下,使金属板前后左右移动磨擦所获得的一种无规则、无明显纹路的亚光丝纹。这种加工,对金属板的表面要求较高。波纹一般在刷光机或擦纹机上制取。利用上组磨辊的轴向运动,在金属板表面磨刷,得出波浪式纹路。旋纹也称旋光,是采用圆柱状毛毡或研石尼龙轮装在钻床上,用煤油调和抛光油膏,对金属板表面进行旋转抛磨所获取的一种丝纹。它多用于圆形标牌和小型装饰性表盘的装饰性加工。

图 6－50

图 6－51

6.3.2 抛光

抛光是指利用机械、化学或电化学的作用,使工件表面粗糙度降低,以获得光亮、平整表面的加工方法。工作时,一般用附有磨料的布、皮革或木材等软质材料的轮子(或者用砂布、金属丝刷)高速旋转以擦拭工件表面,提高其表面光洁度如汽车抛光(图 6－52)。

6.3.3 磨砂

一般所谓磨砂就是将原本表面光滑的物体变得不光滑,使光照射在表面形成漫反射状的一道工序。产品表面经过磨砂工艺处理后可以增强防滑性能,还可以减少指纹的残留(图 6－53,图 6－54)。

图 6 – 52 　　　　　　　　　　　图 6 – 53 　　　　　　　　图 6 – 54

6.3.4　喷漆

喷漆是涂覆工艺的一种,是指在产品表面覆盖上一层漆,喷涂的方式可以通过喷枪借助于空气压力,将油漆分散成均匀而微细的雾滴,涂施于被涂物的表面,也可以用罐装自喷漆。油漆干燥固化后形成一个硬涂膜,具有保护、美观、标志的作用,主要用于汽车、飞机、木器、皮革等。喷漆的对象可以是金属、塑料或其他材料,需要注意的是,由金属制成的产品表面一般不做油漆,除非用烤漆工艺但是成本较高,例如汽车,因为油漆比较难以附着在金属表面,时间久了容易脱落。烤漆分为两大类,一类低温烤漆固化温度为 140℃ ~180℃ ,另外一类就称为高温烤漆,其固化温度为 280℃ ~400℃ 。烤漆需要在基材上打三遍底漆、四遍面漆,每上一遍漆,都送入无尘恒温烤房,烘干(图 6 –55)。塑胶件也可以烤漆,不过温度设定在 60℃ 左右,否则温度太高塑胶容易变形(图 6 –56)。需要注意的是由于成分的原因,油漆有毒性,对身体有一定影响,不同品牌的喷漆由于成分含量不同毒性也不同。使用时应特别注意安全,避免吸入及皮肤接触。

图 6 – 55 　　　　　　　　　　　　　　图 6 – 56

6.3.5　喷塑

现代金属产品表面喷色一般采用静电喷塑,主要是利用高压静电、电晕、电场的原理,在喷枪头部金属导流杯上接上高压负极,被涂工件接地形成正极,使喷枪和工件之间形成一个较强的静电电场,作为运载气体的压缩空气,将粉末涂料从储粉桶经输粉软管送到喷枪的导流杯中时,由于导流接上高压负极产生的电晕放电,在其附近产生密集的电荷,粉末带上了负电荷,并进入电场强度很高的静电场,在静电和运载气体的作用下,粉末均匀飞向接地工件上。

静电喷塑工艺可以分为光面、麻面、皮面、皱纹等多种类型，可以实现多种色彩效果。静电喷塑涂层的硬度、附着力以及耐酸碱、耐候性好。表面均匀、平整、光洁，手感柔和，韧性好。棱角包封严密，抗冲击力强。对家电产品如冰箱、洗衣机、空调机等进行喷涂后，不仅防腐性能好，涂膜坚固耐用，而且装饰性能好，美观卫生。对散热器进行静电喷塑处理后，附着力强，不退色、不影响散热，色彩亮丽、外观精美，可根据用户要求选择多种色彩，具有良好的装饰效果。对机电产品如机柜(图 6 – 57)、电焊机、电动工具等进行喷涂后，不仅防腐耐用，而且绝缘性能好。对家具产品如金属天花板的表面进行静电喷塑处理后，强度高、表面平滑，色泽柔和，素雅美观。对建筑五金产品如冷轧板，表面经除油、除锈、磷化处理后静电喷塑，外观平整、光滑、防腐性能好，不生锈。

图 6 – 57

6.3.6　电镀工艺

电镀是一种电化学反应，在电镀池中装有电解质溶液，此电解质溶液含有镀层金属的离子，通电后由于待镀件接电源的负极，因此待镀件表面聚集大量带正电荷的镀层金属离子，即待镀件被带正电荷的离子包围并在此得到电子，成为原子沉积下来，镀层金属原子失去电子变为离子进入电解质溶液中，这种电子转移的过程，就是氧化—还原反应。利用这个原埋，在某些金属或非金属表面处理为导电层，然后表面镀上一层其它金属或合金的过程称为电镀。镀层金属通常是一些在空气或溶液里不易起变化的金属如铬、锌、镍、银等以及合金。主要作用：①提高金属工件在使用环境中的抗蚀性能。②装饰工件的外表，使其光亮美观。③提高工件的工作基础，例如提高表面硬度和耐磨性，增加金属的反光和防反光能力。④提高导电性、导磁性、耐热性，防止热处理时的渗碳和渗氮，修复磨损零件以及赋予其它特殊性能。

（1）镀铬：铬镀层硬度高；耐磨性好；耐热性好；颜色随工艺条件不同而不同，有带蓝光的银白色，有防反光的黑色，还有乳白色和灰色等。反光能力强，抗失泽性好；铬镀层按照其工业上的用途可以分为防护—装饰性铬、硬铬、乳白铬、黑铬等，通常从工业设计的角度来说防护—装饰性铬镀层具有良好的光泽和耐磨性，广泛应用于仪器、仪表、汽车、自行车、钟表、日用五金等工件上(图 6 – 58)。

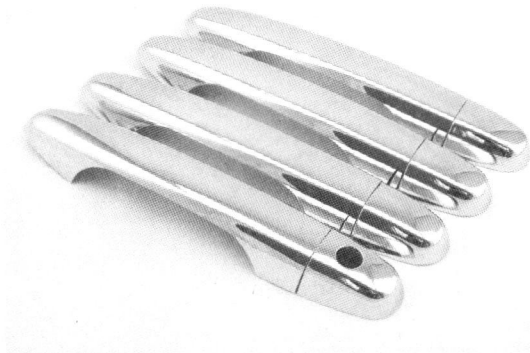

图 6 – 58

（2）镀锌：锌镀层经过钝化处理后，生成一层光亮而美观的彩色膜，能显著提高镀层的保护性能，防止内部工件氧化生锈（图6-59）。

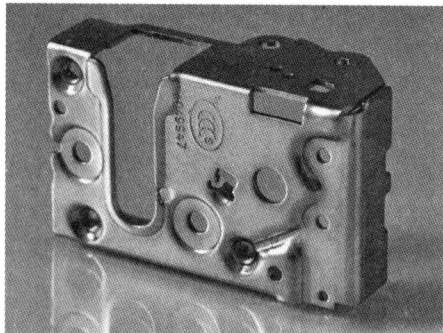

图6-59

（3）镀铜：铜镀层呈美丽的玫瑰色，质软，易抛光（图6-60）。

图6-60

（4）镀镍：镍镀层抛光性能好，容易得到有光泽的外观，也可以从电解液中直接获得具有似镜面的光亮镀层。而且镍镀层表面在空气中易钝化，因此稳定性高，如安全门锁通常就采用表面镀镍处理（图6-61）。

图6-61

（5）合金镀层：合金镀层一般具有一些优异的物理、化学性能和机械性能。如有较好的抗蚀性能和耐高温性能，较高的硬度和耐磨性，优美的外观，具有一定的磁性等，如汽车轮毂一般采用铝合金电镀工艺(图 6 - 62)。

图 6 - 62

（6）塑料电镀:塑料电镀制品具有塑料和金属两者的特性。它的比重轻,耐腐蚀性能良好,成型简便,具有金属光泽,还有导电、导磁和焊接等性能,具有良好的装饰效果,比如手机机壳常常采用塑料电镀工艺体现金属质感(图 6 - 63)。

图 6 - 63

6.3.7　喷砂

喷砂处理在金属表面处理中应用十分普遍,原理是将加速的磨料颗粒向金属表面撞击,而达到除锈、去毛刺、去氧化层或作表面预处理等,它能改变金属表面的光洁度和应力状态。而一些影响喷砂技术的参数是需要留意的,如磨料种类、磨料粒度、喷射距离、喷射角度和速度等。苹果出品的 Mac 系列电脑的表面处理都是采用的喷砂处理(图 6 - 64)。

图 6 - 64

6.3.8　铝阳极氧化

阳极氧化是指金属或合金的电化学氧化。铝及其合金在相应的电解液和特定的工艺条件下,由于外加电流的作用下,在铝制品(阳极)上形成一层氧化膜的过程。阳极氧化如果没有特别指明,通常是指硫酸阳极氧化。为了克服铝合金表面硬度、耐磨损性等方面的缺陷,扩大应用范围,延长使用寿命,表面处理技术成为铝合金使用中不可缺少的一环,而阳极氧化技术是目前应用最广且最成功的。

铝合金材料在工业设计中已经越来越普遍。MP3 播放器、手机、平板电脑甚至桌面电脑等大量采用铝合金材料。氧化着色效果与铝合金的材料成分和工艺参数有关。铝合金表面氧化着色后通常还有后续处理工艺使整个产品更具美观性。另外还有一点,着色并非是氧化之后处理而是在氧化的同时进行的,苹果 iPod 系列播放器(图 6 – 65)就采用了阳极氧化工艺。

图 6 – 65

6.3.9 水转印

水转印技术是利用水压将带彩色图案的转印纸或塑料膜进行高分子水解的一种印刷。随着人们对产品包装与装饰的要求的提高,水转印的用途越来越广泛。其间接印刷的原理及完美的印刷效果解决了许多产品表面装饰的难题,主要用于各类陶瓷、玻璃、塑料制品(图 6 – 66)等表面的转印。

图 6 – 66

水转印的基本流程：

（1）膜的印刷：在高分子薄膜上印上各种不同图案。

（2）喷底漆：许多材质必须涂上一层附着剂，如金属、陶瓷等，若要转印不同的图案，必须使用不同的底色，如木纹基本使用棕色、咖啡色、土黄色等，石纹基本使用白色等。

（3）膜的延展：让膜在水面上平放，并待膜伸展平整。

（4）活化：以特殊溶剂（活化剂）使转印膜的图案活化成油墨状态。

（5）转印：利用水压将经活化后的图案印于被印工件上。

（6）水洗：将被印工件残留的杂质用水洗净。

（7）烘干：将被印工件烘干，温度要视素材的素性与熔点而定。

（8）喷面漆：喷上透明保护漆保护被印工件表面。

（9）烘干：将喷完面漆的被印工件表面干燥。

6.3.10　热转印

热转印是将花纹或图案印刷到耐热性胶纸上，通过加热、加压、将油墨层的花纹图案印到成品材料上的一种技术。即使是多种颜色的图案，由于转印作业只是一个流程，故客户可缩短印刷图案作业，减少由于印刷错误造成的材料损失。利用热转印膜印刷可将多色图案一次成图，无需套色，简单的设备也可印出逼真的图案，比如生活中常见的马克杯（图 6 - 67）。

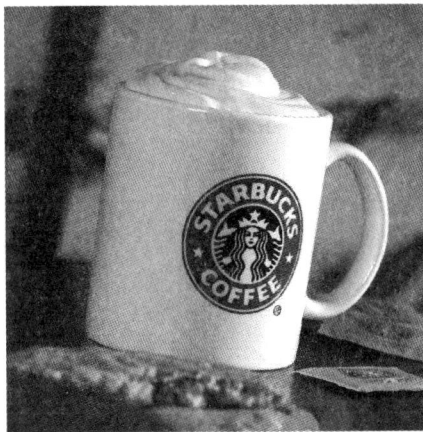

图 6 - 67

热转印技术广泛应用于电器、日用品、建材装饰等。由于具有抗腐蚀、抗冲击、耐老化、耐磨、防火、在户外使用保持 15 年不变色等性能，几乎所有商品都用这方式制作出来的标签。例如打开手机壳，内部即可看到密密麻麻带有条码的标签。很多标签要求能经得起时间考验，长期不变形，不褪色，不能因接触溶剂就磨损，不能因为温度较高就变形变色等，故必要采用一种特殊材质打印介质及打印材料来保证这些特性，一般喷墨、激光打印技术是无法达到的。

6.3.11　丝网印刷

它是一种把带有图像或图案的模版附着在丝网上进行印刷的工艺。通常丝网由尼龙、聚酯、丝绸或金属网制作而成。当承印物直接放在带有模版的丝网下面时，丝网印刷油墨或涂料在刮墨刀的挤压下穿过丝网中间的网孔,印刷到承印物上(刮墨刀有手动和自动两种)。丝网上的模版把一部分丝网小孔封住使得颜料不能穿过丝网,而只有图像部分能穿过,因此在承印物上只有图像部位有印迹。换言之,丝网印刷实际上是利用油墨渗透过印版进行印刷的,这就是称它为丝网印刷而不称为蚕丝网印刷或绢印的原因,因为不仅仅蚕丝用作丝网材料,尼龙、聚酯纤维、棉织品、棉布、不锈钢、铜、黄铜和青铜都可以作为丝网材料。产品表面常见的各类文字、标志、图案很多都由丝网印刷完成(图 6 – 68,图 6 – 69)。

图 6 – 68

图 6 – 69

第7章
现代工业设计理念

7.1 生态设计理念

生态设计,也称绿色设计或生命周期设计或环境设计,是指将环境因素纳入设计之中,从而帮助确定设计的决策方向。生态设计要求在产品开发的所有阶段均考虑环境因素,从产品的整个生命周期的各个环节减少对环境的影响,最终引导产生一个更具有可持续性的生产和消费系统。按照全生命周期的理念,在产品设计开发阶段需要系统地考虑原材料选用、生产、销售、使用、回收、处理等各个环节对资源环境造成的影响,力求产品在全生命周期中最大限度降低资源消耗、尽可能少用或不用含有有毒、有害物质的原材料,减少污染物产生和排放,从而实现环境保护的活动。生态设计是实现污染预防的重要措施。

研究表明,80%的资源消耗和环境影响取决于产品设计。在设计阶段,充分考虑现有技术条件、原材料保障等因素,优化解决各个环节资源环境问题,可以最大限度实现资源节约,从源头减少环境污染。在全球资源环境压力日益突出的今天,提供绿色环保产品已成为国际潮流和趋势,生态设计也成为提升产品竞争力的迫切要求。

生态设计作为先进设计理念,更注重利用先进资源节约技术和环境保护技术实现节能、节材、环保及资源综合利用等目标,有利于绿色技术创新;生态设计也对无毒无害或低毒低害的绿色材料、资源利用效率高和环境污染小的绿色制造技术等提出需求,推动相关技术的研发、推广与应用。

7.1.1 传统产品设计与产品生态设计

传统的产品设计:以人为中心,是一个将人的某种目的或需要转换为一个具体的物理形式或工具的过程,主要考虑如何满足人的需求和解决问题,往往会忽视产品生产及使用过程中的资源、能量的消耗以及对环境造成影响的排放问题。

产品生态设计:从产品的孕育阶段就开始遵循污染预防的原则,把改善产品对环境影响的努力汇聚在产品设计之中。产品生态设计过程应遵循的原则包括闭环设计原则、资源最佳利用原则、能源消耗最小原则、零污染原则、技术先进性原则,是生命周期评估(Life Cycle Assessment,LCA)思想的具体实践。

7.1.2 产品生态设计的准则与原则

1. 产品生态设计应遵循的各项准则

(1)环境准则:降低物料消耗、降低能耗、减少废物产出、减少健康与安全风险、生态可降解。

（2）性能准则：满足多项使用功能、易于加工制作、能够保证产品质量。

（3）费用准则：费用最低、利润最大。

（4）美学准则：符合当地的文化传统、满足消费者的审美情趣。

（5）社会准则：遵守当地法律法规及有关标准。

2. 产品生态设计具体要求

（1）选择对环境影响较小的原材料：尽量避免或减少使用有毒的化学物质；选择丰富易得的材料；优先选择天然材料代替合成材料；尽量选择能耗低的原材料；尽量从再循环中获取所需的材料。

（2）减少原材料的使用：使用轻质、高强度材料；去除多余的功能；减小体积，方便运输。

（3）加工制造技术优化：减少加工工序，简化工艺流程；应用先进生产技术替代老旧技术；降低生产过程中的能耗；采用少废、无废技术减少废料的产生和排放；减少生产过程中的物耗。

（4）减少运输包装造成环境问题：促进包装废料的最小化；减少包装材料的使用量；增加包装材料的回收；提升包装材料的重复使用率；减少焚烧和填埋量；改善包装材料。

（5）减少产品使用阶段的环境影响：着重设计节电、省油、节水、降噪的产品。

（6）延长产品的使用寿命，节约资源、减少废弃物：提高耐用性；加强适应性；提高可靠性；易于保养和维护；采用组合式的结构设计。

（7）产品报废系统优化：建立有效的废旧产品回收系统；重复利用；翻新再生；采用易于拆卸的设计；材料的再循环利用；清洁化的最终处理。

日本是继美国之后的第二大制造业大国，占全球制造业总量的 13.9%，特别是在电器、电子领域，更是占据绝对优势。20 世纪 60 年代，日本就开始研究环境公害对策，70～80 年代就准备有关环境问题的国内法规。日本促进循环经济发展的法律法规体系比较健全，分三个层面（基本、综合性、具体）共颁布了《促进建立循环社会基本法》《促进资源有效利用法》《促进容器与包装分类回收法》《家用电器回收法》《绿色采购法》《节能法》等相关法律。

基于上述法规的要求，近年来日本企业在产品及包装废弃物处理方面，减量或回收都增加了 10% 到 20%，以日立、三菱、索尼、松下、东芝等为代表的日资企业为积极推动产品的生态设计，在减少产品对环境的影响、减少资源浪费、保证环境的可持续发展等方面做了不少的努力。以日立公司为例，该公司制定了一系列的产品生态设计目标，定义了两种类型的绿色产品：①具有环境意识产品（减少产品对环境造成的影响）；②环保产品（例如采用先进技术减少产品使用时对环境造成的危害）。1999 年 3 月，日立开发了一套应用在每个产品开发阶段进行评估的环境评估系统，将产品整个发展过程中关联环境绩效的因素概括为八个因素，包括：减少重量、延长使用寿命、可循环、可拆卸、易处理、保护环境、节能、外部沟通，根据这八项因素对产品进行评估、并记录，最后得出产品的环境负载评估结果，绘制雷达测探图，以此来进行环保型产品的设计开发。2001 年 9 月，日立制订绿色制造指导方针规范整个供应体系，包括了环境管理的问卷调查和"产品生产环境减负项目"（环境意识设计）。2002 年 2 月，820 名日立公司雇员参与，联合 57 家供应商共同举办旨在展示绿色配件的绿色配件制造展。2002 年 3 月，日立宣布已经完成对 2000 家供应商的调查，与本地以及其他国家、地区的供应商在环保方面建立了良好的战略合作伙伴关系。

7.1.3 产品生态设计的步骤

产品生态设计步骤一般包括确定产品系统边界、环境现状评价、设计要求分析、设计要求的详细表达、确定要求的优先次序、选择设计对策、设计方案评价等步骤。

1. 确定系统边界

为最大限度的降低环境影响,设计人员一般不得不对所选系统的边界作出取舍,把重点放在某些某个生命周期阶段或工艺过程。但首先应对产品的整个生命周期阶段进行综合考虑,然后根据对环境影响信息,选取重点设计的系统边界。

2. 环境现状评价

对环境现状进行分析可找到改进产品系统环境性能的机会,也可为公司制定短期或长期的环境目标提供依据。现状评价可通过生命周期清单分析、环境审计报告或检测报告等来完成。在现状评价以后,要明确提出当前和未来的目标。

3. 设计要求分析

准确描述产品系统设计要求是设计中最为关键的一步。只有充分考虑了各种要求,并确定了设计方法后,才能进行有效的设计。在随后的设计阶段,要对设计方案进行评价,以确定其是否满足要求。

4. 确定要求的优先次序

(1)必须要达到的要求;

(2)希望达到的要求;

(3)辅助性功能。

5. 选择设计对策

能否找到满足所要求的对策,是设计成败的关键。多数情况下,不可能用单一的对策来满足所有的环境要求。成功的设计需要采用一系列的对策来满足这些要求,有可能同时用到废物减量化、回收利用、循环利用和延长产品寿命等措施。

6. 设计方案评价

根据所选的设计对策,最终可能形成多个可供选择的方案,哪一个更能满足设计要求,必须从环境、经济和社会三个方面进行评价。评价后可从一系列方案中选出一组生态、经济和社会效益最优的设计方案。

从1997年开始设计师托德·布歇尔(Tord Boontje)与作为玻璃艺术家的妻子将可回收的废旧玻璃瓶进行切割重组,得到一系列独特而美丽的花瓶,每一件都独一无二。这是一个产品生态设计的经典案例,将本用于回收的玻璃瓶通过二次加工,转化为了漂亮的花瓶,从一个废弃物转化为了全新的产品,得到了社会效益、经济效益的双重收获(图7-1,图7-2,图7-3)。

图 7 - 1　　　　　　　　图 7 - 2　　　　　　　　图 7 - 3

7.1.4 企业关于产品生态设计的实践

1. 企业生态设计的驱动力

企业实施生态设计有来自于内、外两个不同方面的驱动力。企业实施生态设计的内部驱动力主要有：①提高产品质量；②改进企业形象；③减少费用、降低成本；④激励创新的需要；⑤增加企业环境责任感。企业生态设计的外部驱动力则来自于：①政府的法律、法规和政策。在发达国家以产品为导向的环境法律、法规和政策正得以迅速发展。②市场需求竞争。供应商、分销商和最终用户的需要和诉求是产品环境特性改进的强大的拉动力。③相关的贸易产业组织。这些组织时常鼓励所属成员企业采取环境改进行动或对未采取组织所要求行动的成员企业施以罚款或处罚。④基于市场的经济手段(如废物处理收费等)的不断实施。基于"污染者付费"原则，诸如填埋、焚化等废物处理的费用可能增加，废物及其排放的预防、废物的再利用和循环将因此变得更加经济。⑤设计奖的有关环境要求。有些设计竞赛目前已规定其参赛者必须提供其产品的详细的环境信息。如美国的 IDEA 奖、日本的 G - Mark 奖、瑞典设计委员会的优秀瑞典外形奖、德国的布朗竞赛(Brown Competition)奖，荷兰的 ION 奖等。

2. 企业参与产品生态设计的情况

产品生态设计概念一经提出，就得到一些国际性公司的积极响应，例如荷兰菲利浦公司、瑞典沃尔沃、德国奔驰、日本索尼、韩国三星以及美国的施乐、惠普、AT&T 和 IBM 等公司相继进行了有关产品生态设计的革新，把一些生态理念与模型引入主要产品的设计，并与绿色营销和绿色采购相结合，提高企业国际竞争力，取得了显著收益，并受到全世界的瞩目。另外一些公司实施了不同的行动计划，如 3M 公司为工业生态设计制定了标准；瑞典的全球用具制造商伊莱克斯(Electrolux)把设计与生命周期工具结合起来使用，改进其产品生产线的能源和水的使用效率，使其具有一流能效的专业冷冻设备的市场份额从 1997 年的 5% 上升到 1998 年的 14%；其销售的洗衣机水、电和洗涤剂的用量实现最优化，成本下降50%。自从 20 世纪 90 年代以来，美国赫尔曼·米勒公司一直坚持使用"地球友好"型材料，关注环境因素，专注于生态设计、洁净技术、无公害制造和可持续发展，强调家具各零部件都要可循环或再利用，甚至在椅子底部浇铸上椅子部件分解图及其所使用材料的识别码，以便于以后对材料的分离和回收(图 7 - 4, 图 7 - 5)。同时，要求所有的产品都设计成可拆卸的，这样家具的各个部件都可以进行再利用或再循环。他们开发新的包装材料以替代传统的瓦楞纸板和泡沫聚苯乙烯，减少产品包装过程对环境的影响。又比如韩国的三星电子建立起了一套贯穿产品生命周期的责任体系和制度，保证产品的环保要求。从产品的研发开始，通过运行生态设计过程、生态合作伙伴证书、生态标志证书以及全球性回收与再循环系统四个阶段来实现资源节省、能源节省和生态材料的普及。而从2005 年 6 月起，三星公司就规定供应商都必须达到三星电子提出的"生态合作伙伴"的要求，保证对供应商提供的零件进行认证。

7.1.5 生态设计的发展趋势

生态设计反映的不仅仅是人类在设计领域内对生态的关注，更重要的是体现了人类对人与自然关系愈加丰富、深刻的理解，是人类可持续发展战略在设计领域的战术回应。生态设计虽然关心的是如何在设计中通过技术融合来体现生态，但它最根本的目的是为设计提供一种新的价值理念和思维。因此，生态设计的进一步发展必将依赖人类对自然、对自身以及对人与自然关系认识的深化,并在以下五个方面不断发展和深入。

图 7-4

图 7-5

1. 进一步了解和掌握自然法则,引入仿生学

生态设计迫使人类去探寻新的问题。大自然生物中存在许多丰富多彩的外形与巧妙的机构、结构和系统工作原理值得设计师去研究和探索。生物体自然进化的每一步都显出设计的完整性,体现了美学—经济—生态—社会价值的完美统一,这为生态设计提供了丰富的设计指导和灵感源泉。仿生学是以模仿生物系统的结构、性状、原理、行为来构建技术系统,使人造技术系统具有或类似生物系统特征的学科,它是把研究生物的某种原理作为向生物索取设计灵感的重要手段。使仿生学介入生态设计,一方面体现了学科间的横向整合,另一面也为生态设计打开思路提供了新原理和新理论。仿生设计为设计师们提供了无穷无尽的灵感和捷径,如瑞典设计师 Jangir Maddadi 设计的"蜂群"吊灯(Swarm Lamp)(图 7-6),灯泡没有竖直朝下,而是近似水平的位置,看上去仿佛是几只正在采蜜的蜜蜂。圆形灯泡好比是蜜蜂的脑袋,身子和尾巴则由木头精雕细刻而成,每款"蜂群"吊灯的角度都是可调的,从而让每只蜜蜂都与众不同。可以买一只,也可以成群购买,给人们提供了更多选择。将北欧设计常见的三种元素融为一体:玻璃、木头、金属,最终带来一种浑然天成的效果。同样来自于北欧的芬兰女设计师 Maija Puoskari 在 2013 米兰国际家具展上展出了一系列灵感源于大自然的灯具,其中的"橡果"(Terho)吊灯灵感源于橡果,包括大小两种型号,灯盖有多种颜色可选。灯罩由乳白色的吹法玻璃做成,灯盖则用芬兰桤木做成(图 7-7)。

图 7-6

图 7-7

2. 加强学科交叉,丰富设计内容

在很多情况下生态设计涉及多方面、多学科交叉及多种工程技术的结合,它不限于应用某一生态学研究成果,还应用在众多的研究门类中,博采各种研究成果,并将各种工程技术结合在一起如日本本田推出的服务型机器人(图7-8)。

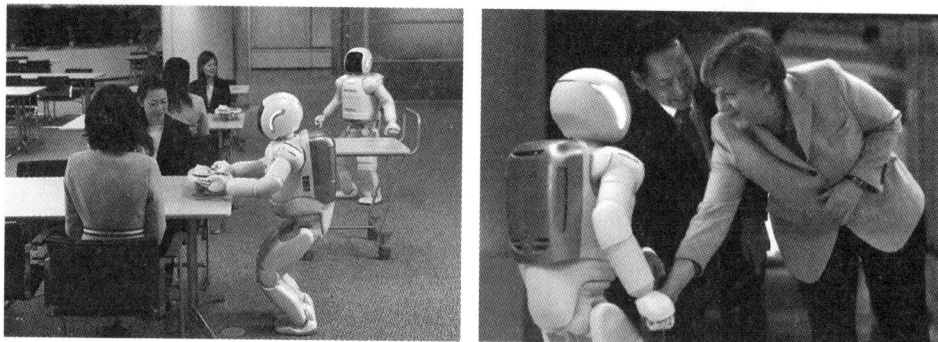

图7-8

3. 不断开发和应用先进的方法实施生态设计

生态设计同样要不断开发先进的实施工具,将自然系统和人工系统设计为相互融合的复合体。近几年发展得比较完善的生命周期评估、生态足迹分析、清洁生产评估、资源与代谢分析等工具都为生态设计理论和实践的进一步发展提供了很好的条件。一些大学和研究部门也开始开发一些生态设计工具、方法和资源,例如荷兰的代夫特(Delft)大学在生态设计研究方面享有很高的声誉,他们开发了生命周期分析和清洁生产等有效工具;荷兰的应用科学研究机构 TNO 也在全球范围内开展生态设计的活动。这两个研究机构已经并且正在继续开展全国范围内的示范项目,并得到了 UNEP(联合国环境规划署)的支持。

4 从系统的观点出发,注重宏观与微观的结合

生态设计是一个系统工程,需要宏观的法律、法规和政策的引导,同时也需要关注微观的工程设计部分,通过宏观和微观结合,生态学与工程技术结合,以及生态学与建筑、园林、社会学、环境工程、工业设计等等的结合,以新的思想指导进行产品、建筑、城市等的设计,尽可能减少人类发展进程中的环境负面影响。

5. 生态设计的教育和培训将不断推动生态设计的普及和发展

与生态设计理论和实践相关的培训和咨询将成为咨询企业业务的一部分。其中最著名的是丹麦设计师奈尔斯·彼得·弗林特(Niles Peter Flint)发起的 O2 组织就曾经组织了一系列的宣传、报告和案例研究活动,现已成为一个成功的国际咨询机构。

7.2 艺术与技术融合的设计理念

每一次重大的技术革新都毫无例外地对工业产品的设计风格产生巨大的影响。科学技术的不断发展推动着产品的更新换代,新技术、新材料、新工艺的出现给人们的生活带来巨大的变化,蒸汽机、柴油机、塑料、电子管、晶体管、半导体、集成电路的出现,都使我们身边的产品出现了重大的革命性的变化。工业造型设计的艺术风格在很大程度上受到同一时期科技发展水平的影响,一个好的设计只要我们看到它的造型风格、工艺水平,就可以分析出它是哪个时代的产

品。科学技术是不断变化、发展的,新技术、新材料不断应用于工业生产,由此产生的新产品、新功能不断地吸引着人们,改变并完善着人们的生活方式与审美观念,不管是产品的使用者还是新技术的发明人,大家都希望新产品的设计风格能够更加充分地体现出最新科学技术的先进性,新技术本身又为新的造型风格提供了更多的发展空间。

　　科学技术的进步,改变了工业生产的方式,同时也改善了设计师的工作条件。科学技术的发展还会直接影响到一种特定工业产品的形态与风格。如现代产品设计中的"高技术风格""硬边风格"等流派,就是现代高科技背景下展现的形式美。高新技术的迅猛发展为当代设计提供了崭新的界面。这种新界面不仅使设计方法发生变化,而且带来了产品的形式结构和美学特征的新变化。技术的进步和发展为设计提供了极为广阔的领域,也为产品设计增加了新的美学维度。在当代设计领域,高技术设计已经成为了一种新的风格,设计借助于技术带来的新技能的变化赋予产品以新的形式特征和符号内容。

7.2.1　信息化设计

　　产品的外观是产品内部结构的体现,功能主义的形式服从功能的原则一直以来都是设计师时刻提醒自己要注意的问题。但是现在以电脑为代表的高新技术产品出现了小型化、自动化、智能化等特征。先进的微电子技术使许多产品内部粗笨的机械结构被微小的电脑芯片和集成电路所取代,原本复杂的产品形态现在可以变得更加小巧而精致。塑料、合金和各种复合材料的发展使产品造型的自由度几乎不受任何约束。这些都大大地解放了产品功能对造型风格的限制,使设计师能够采用比以往更多的造型语言,设计出各种造型的产品,如图 7-9 所示的软键盘。

图 7-9

　　微电子技术令产品的体积和结构变得越来越小,但赋予了它更强大的功能,意味着我们必须重新对产品的功能与形态的关系进行思考,例如智能手机其功能已经相当于 10 年前的电脑。在后工业社会的设计发展过程中,"高技术派"逐渐发展成一个具有国际影响力的设计流派。高科技不但在结构、施工技术和功能方面应用于产品设计,而且从美学的角度渗透到设计中。在对设计的方法和对工业化关注的同时,高技术作品不再以反艺术的面目出现,而是有机地结合结构和艺术,用灵活、夸张和多样化的概念来拓展人们的思维领域,使结构和技术本身成为高雅的"艺术"。信息化是"高技术"的主要特征之一,信息化包括产品制造、产品发展方向、产品开发设计的信息化三方面内容:①产品制造的信息化。指信息时代的到来使得信息要素成为制约现代制造业的主要因素,产品生产由工业化向知识化方向转变,使过去产品制造中的生产劳动转变为知识劳动。②产品发展方向的信息化。主要指现代产品发展体现了五个方面的趋势：多功能化；复合化；轻薄短小化；智能化；精神化。③产品开发设计的信息化。一方面，通过网络获取产品设计相关资料的途径越来越便捷，另一方面，设计师们普遍采用计算机信息技术进行辅助设计，这较之以往传统的设计方法发生了根本性的变化。产品开发设计的信息化使并行设计、快速设计成为可能，其主要支撑技术包括：各类管理软件、设计软件；逆向工程；快速成型技术；虚拟产品制造及虚拟产品开发；全面质量控制体系。

7.2.2　系统化设计

随着科学的进步与发展，一方面学科分支越来越多、越来越细化，另一方面交叉学科、边缘学科层出不穷，导致了学科界限淡化、模糊、交叉的情况，这样导致了人们认识问题、思维方式的发展和人们观察问题的中心也由具体的"事物中心"逐渐地转到"系统中心"，促进了系统设计思维的发展。在产品设计这一复杂的过程中，人们已经认识到它并不是一个简单的具体实物的设计，而是一个系统设计，它从属于一个更大的系统。产品设计从设计、生产、销售、使用到销毁处理的整个过程涉及到自然科学、社会科学、心理学、美学等相关科学的应用与协调，是多学科知识交叉与融合的综合体。科学的一体化思想打破了传统的学科界限，为不同学科间的认识对象寻找共同的规律。

随着系统科学思想、系统化认识思维模式、系统设计思想的发展与应用，现代产品设计从设计创意、生产制造、生产管理、商品化过程、销毁回收各个阶段是一个系统链，一个产品的设计是否成功，受到每一个系统链的影响。设计创意的开始就必须系统地规划好整个产品寿命周期，建立系统化的设计思想，进行系统化设计。我们已经进入了信息时代，系统化设计的思想融入了信息设计的内涵，使得产品设计更加完善和高效。

7.2.3　系列化设计

产品系列化是标准化的高级形式，是标准化高度发展、走向成熟的标志，是使某一类产品系统的结构优化、功能最佳的标准化形式。系列化通常指产品系列化，它通过对同一类产品发展规律的分析研究，经过全面的技术经济比较，将产品的主要参数、形式、尺寸、基本结构等作出合理的安排与计划，以协调同类产品和配套产品之间的关系。

系列化产品的基础件通用性好，它能根据市场的动向和消费者的特殊要求，采用发展变形产品的方法，机动灵活地发展新品种，既能及时满足市场的需要，又可保持企业生产组织的稳定，又能最大限度地节约设计成本，因此产品系列化是搞好产品设计的一项重要原则。

产品系列化的目的，是为了简化产品品种和规格，尽可能满足多方面的需要（图 7 – 10）。

图 7 – 10

产品系列化,便于增加品种、扩大产量、降低成本。实现产品系列化有以下三点重要的经济意义:①可以加速新产品的设计,发展新品种、提高产品质量,方便使用和维修,减少备品配件的储备量;②合理简化品种,扩大通用范围,增加生产批量,有利于提高专业化程度;③缩短产品工艺设计与制造的期限和费用。

7.2.4 网络化设计

理论上来说,网络化应该属于信息化的一部分,但随着计算机技术、网络技术与智能硬件技术的发展与应用,网络化对于产品设计方法的改变影响巨大,不得不单独加以详述。产品的远程开发设计、并行设计都依赖于网络技术。产品的并行设计是相对与传统的串行设计而言的,传统的设计是按照"开发—设计—试制—修改—小批量生产—生产—销售"的过程按部就班依次进行的。而并行设计是应用计算机技术在产品开发设计的开始就由产品开发设计的设计人员、产品管理人员、生产制造人员、营销人员等相关的人员和相关的协助企业、行销单位协同工作,产品开发设计的各个阶段同时工作齐头并进。在设计的初期产品设计人员就能从生产、销售、回收全面地思考,生产人员能在产品设计的初期就选定适用的材料、工艺、生产设备,管理人员从质量、资源控制保证目标实现,即各相关人员从设计的合理性、可行性、经济性等因素进行综合控制协调工作保证设计目标实现,这也是系统化设计的具体应用。它要求设计人员从产品开发设计的开始就要考虑到产品整个寿命周期全过程的各个环节的相关因素,包括产品概念的形成、市场定位、质量、成本、售后服务、资源利用、环境污染、消费者需求等因素,保证企业的利益最大化,增强企业的竞争力。

同时计算机辅助设计的运用大大提升了设计效率,设计信息通过计算机模拟得以确认,生产数据直接输送到生产加工部门进行工艺编排,利用数控加工技术进行加工,缩短了设计周期和生产制造周期,保障了设计的原创性和质量。常用的产品设计软件分两大类:①三维造型软件,包括 ALIAS、3DMAX、RINO 等;②三维工程、分析软件,包括 AUTO CAD、UG、PRO/E、SOLID-WORK、CATIA 等。

7.3 扁平化设计理念

目前基于网络的信息交互技术发展迅猛,作为信息的发送端与接收端,各类以便携电脑、平板电脑、智能手机等为代表的智能产品也层出不穷,传统的产品也表现出了一定的智能化趋势。触屏技术的普及使产品功能的实现越来越依赖对视觉化的文字、图形、图标进行操作,硬件界面有逐渐被软件界面取代的趋势。在产品功能、性能趋同的背景下,方便而友好的操作界面、简约而人性化的产品外观设计成为人们关注的重点。扁平化设计是目前在交互设计领域比较热门的设计风格,主要运用于 WEB 界面设计、UI 设计、平面设计,其核心理念就是基于二次元,摒弃高光、阴影等能造成透视感的效果,通过抽象、简化、符号化的设计元素来表现图形与符号。扁平化设计不仅仅是一种流行的视觉设计风格,更是一种设计思维方式的演化,简约、清晰、直接的设计已经成为一种趋势。

7.3.1 扁平化设计的流行背景及其主要特征

世界已经进入了后 PC 时代,平板电脑、智能手机及各类智能产品将更多地融入人们的日常生活,帮助我们在休闲、娱乐、社交、支付、移动办公等领域获得更便捷的使用体验。在扁平化设计流行之前,该类产品的界面设计大量参考了传统 PC 系统界面的设计并且几乎都是以拟物化设计作为发展方向的,通过将信息和事物的工作方式展示出来以减少用户学习和使用的障碍。然而随着触摸交互、虚拟交互、语音交互等技术的广泛应用,此前适合传统 PC 的界面设计已经不完全适用,比如原先可以用鼠标精确点击的微小按钮在触屏界面上甚至已经很难用手指点击选中。触屏时代所触即所得,以引导操作为目的而设计的各种立体图标以及浮动变换效果已经不完全需要,比如在 WEB 网页上最常见的反映鼠标点击动作的三维按钮图标成为了一种以装饰性为主的非必要设计。与此同时,随着人们计算机知识的普及、学习理解能力的增强、软件与应用数量的增多,拟物化设计已不完全适用,试想如果现在表达录音功能还设计成磁带图标的话,很多年轻人也许不会明白其意义,因为他们根本没见过磁带式录音机。面对海量视觉化的信息数据,用户浏览、筛选信息的压力越来越大,不再满足于信息量的需求,转而开始追求那些能够给自己的工作、生活带来切实改变的真实信息,开始注重信息获取的效能以及操作的直接性。扁平化设计主要目的就是通过凸显文字、符号信息帮助用户快速从信息中筛选出核心内容。扁平设计是网络海量信息传递背景下必然的选择。从另一个角度来看,当消费环境发生变化时,人们的消费心理亦会随之改变。在生产力水平较低、物质相对匮乏的年代,工业产品的装饰性设计满足了人们追求华美、出众产品的心理需求;如今社会生产力水平长足发展,产品极大丰富,饱受视觉轰炸的消费者开始返璞归真,接受简洁、直接的产品设计风格也是一种必然。

特征鲜明的扁平化设计风格一定程度上受到了上世纪 60、70 年代曾经出现过的极简主义的影响,只不过扁平化设计更加复杂和多样化,既吸纳了极简主义的思想,又可以应对更多的复杂性,使用户更容易关注内容的本身。Designmodo(著名设计博客)的设计师卡丽·卡津斯(Carrie Cousins)介绍了扁平化的五大特点,概括如下:

(1)拒绝特效。扁平化设计以二维形态示人,放弃一切诸如浮雕、投影、高光等装饰效果,依赖清晰的层次结构和元素布局,仅以鲜明的色块和突出的文字信息呈现,帮助用户理解产品及交互,如 IOS7 中经过扁平化设计后的 Safari 图标(图 7 – 11)、WIN8 中经过扁平化设计后的网络浏览器图标(图 7 – 12)。

图 7 – 11 　　　　　　　图 7 – 12

(2)简化元素。常见的 UI 元素简单而直观,目的是增强易用性与交互性如图标、按键、标签采用矩形、圆形、方形等简单的形状,元素独立,直角、圆弧的应用也很普遍。

(3)注重排版。排版的目的在于帮助用户理解内容,扁平化设计要求元素更简单,排版的重要性就更为突出。

(4)关注色彩。在扁平化设计中平均会使用 6~8 种颜色,通常色调的彩度更纯,主要目的在于凸显内容的差别与重要程度。

（5）极简主义。避免在设计中过于花哨,尽可能地使用简单的颜色与文本,如果想增加效果可以添加简单图形。

7.3.2　扁平化设计对界面设计的影响

人们逐渐认识到对产品评价的高低主要取决于用户的使用体验,功能操作的便利性是关键而不是炫酷的交互效果,扁平化设计所倡导的去除特效化给了产品使用者更直接的操作体验,扁平化设计在操作系统、应用软件界面甚至硬件界面设计领域的流行趋势明显。

1. UI 设计风格"类"扁平化设计发展

扁平化设计理念促使移动互联产品不断优化改进操作系统的用户界面设计,从吸引使用为目的转向以带来更好的信息传达为目的,追求极致 UI 效果、精美图标的拟物化设计正在消退。形式简单而直接的界面元素成为扁平化设计的主要特点,通常以圆形、矩形为主,少数进行圆角处理;符号高度抽象,尽可能突出外形,增强符号感;文字尽量采用方正、清晰的字体,增强与背景的对比,如雅虎天气。然而这并不意味着扁平化设计将完全取代拟物化设计,尽管微软的 WIN8 操作系统已经开创了深度扁平化设计的先河,但过于扁平化的设计似乎有些单调,信息的高度整合意味着用户需要付出额外的学习成本,因此很多设计师倾向于"类"扁平化设计,其核心是总体设计风格依然为扁平风格,但不是彻底放弃效果,它只是不存在那些能让人产生立体感觉的深度和维度,通过这样的设计既保留了扁平化设计的优点又从一定程度上加强了与用户的情感流,比如雅虎天气的界面设计(图 7 - 13)与 IOS7 中的图标设计(图 7 - 14)。

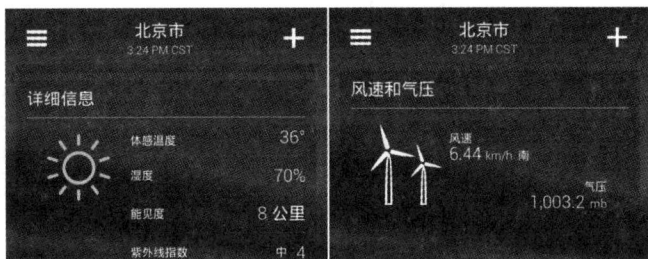

图 7 - 13　　　　　　　　　　　　　　　　　　　图 7 - 14

2. 注重界面的排版,层级减少,交互功能突出

界面排版的主要功能在于视觉信息的归纳与整合,包括内容和形式,减少信息的杂乱感,使界面符合我们的阅读、操作习惯。合理、清晰、有效的排版设计将大大提升信息的获取、操作效率。可以预见的是移动互联产品的屏幕分辨率将逐渐增加,高分辨率的显示可以让图标、字体的边缘更加锐利、清晰,特征更加明显,更容易识别。关键信息将以简约图标与少量文字结合的方式呈现,这样的设计尤其在类似手机的小屏幕移动终端上表现更佳,如图 7 - 15 所示,经过优化排版后的内容更有利于阅读与点击。信息通过有效的组织更加直观地反映给用户,同时信息的层级数将进一步减少,例如在 IOS6 中需要点击时钟图标打开应用查看时间,而在 IOS7 中将应用的时钟图标直接设计成与时间同步的动态图标(图 7 - 16)。扁平化设计在大屏幕上表现同样精彩,尤其在操作要求更加直接的领域,按钮与选项的设置数量、层级更少,如传统的汽车中控就有逐渐被大屏幕取代的趋势,如英菲尼迪 Q50 中控将显示与操作分为两个屏幕(图 7 - 17),

特斯拉中控直接变成超大尺寸的触摸屏(图7-18)。

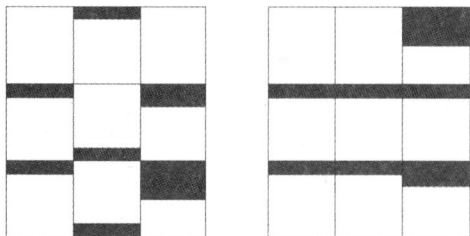

图7-15

图7-16

图7-17

图7-18

3. 色彩设计的功能更加凸显。

在图形元素设计简约化的情况下,色彩在提升识别度方面的作用被强化,在凸显图标或文字以及操作提示方面意义重大,是帮助用户识别信息的主要手段之一。从整体上看,差异化的色彩将功能模块或不同内容区分得更加清晰,例如WIN8系统在桌面上将各类图标根据内容与重要性的不同用色块区别出来(图7-19);从细节上看,色彩的符号性定位日趋统一,例如在不同的系统和应用中,主要操作按钮的色彩设计大致相似,如"确认""提交"的按钮用绿色,"取消""删除"的按钮用红色,辅助操作的按钮采用浅灰色等。

图7-19

7.3.3 扁平化设计对产品工业设计的影响

受扁平化设计理念的影响,多数用户逐渐接受简约、清晰的设计理念,对产品工业设计的需求更多地集中在产品携带或穿戴方式,尺寸、重量的设定,产品细节的刻画以及人机设计等方面。进入触屏时代后很多产品尤其是电子产品操作按键数量锐减,造型的复杂程度大大降低,再加上屏幕空间的制约使得产品的造型特征不再像过去那样鲜明。在性能、界面、应用为王的时代,产品外观设计并没有因此沦为鸡肋,反而去伪存真,努力贴合不同用户群体的需求,更加注重细节设计对用户的影响。

1. 造型设计简约化,细节设计特征化

如果说扁平化设计是设计风格中的极简主义,苹果的IPHONE、IPAD绝对称得上产品简约设计的代表。苹果公司从 2007 年开始推出的 IPHONE 系列手机的造型设计几乎没有根本变化,一如既往地秉承简约、精致的设计风格,并且将这种风格延续到 IPAD 系列平板电脑的设计上。与此同时苹果 IOS 系统也与时俱进地融入了扁平化的设计风格,产品的造型设计与系统界面设计形成呼应,产品的整体感愈加强烈。马云曾经说过"最优秀的模式往往是最简单的东西",以显示设计为核心的移动互联产品设计将产品造型从"复杂"转为"简单",从"好看"转向"易用",回归简单和质朴,同时在设计中强化产品的细节特征,凸显产品的设计特色,提升品牌形象,帮助用户快速归纳、识别产品特征。各个品牌供应商都努力在有限的条件下用细节的特征设计提升产品的识别度,比如苹果、HTC、SAMSUNG 三大品牌手机仅从轮廓就可以判断产品品牌甚至所属系列,简约的外观蕴含强烈的形态符号特征(图 7 - 20);再比如微软的 Surface Pro 3 倒梯形的侧向轮廓已经成为其鲜明的外观特征(图 7 - 21)。

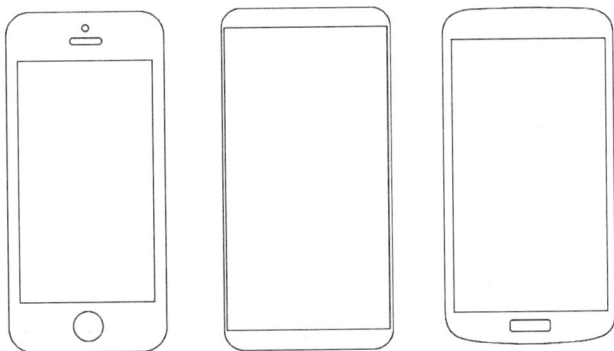

图 7 - 20

图 7 - 21

2. 产品语义更加直接,使用体验更加细腻

在扁平化设计风格的影响下,产品造型设计的难度反而加大了,在简约的外观下如何增强产品的使用体验对工业设计师而言是个不小的考验,这意味着要在极大的制约条件下创造出令人印象深刻的产品。简约不是外观的目的,而是充分考虑实用性与使用体验的结果,外观的简约意味着产品语义更加直接,造型设计能够引导人们的使用与操作。通过优化产品细节设计提升使用体验,充分满足人们物理层次的需要(舒适感)和心理层次的需要(亲和感)。对移动互联产品而言,具体措施包括合理设定产品尺寸符合携带(佩戴)与抓握要求,通过材料工艺、结构设计等"轻量化"措施进一步减轻产品重量、提升强度,同时优化产品外观的人机设计提升人机交互的效能。

3. 产品形式多样化,外观设计风格相近

随着光电、材料技术的发展,显示技术不断突破,超高清显示、投影显示、柔性屏幕等技术将越来越多地应用在产品设计中,以一种简约、直接的方式与各类产品高度整合。扁平化设计所包含的简单、纯粹、直接的理念与之相当契合,形成浑然天成的设计效果。未来的产品将以产品系统的形式出现,越来越多的产品会像智能手机或平板电脑这样多界面互联、协同操作,在娱乐、商务、工业、健康、医疗、移动社交等细分领域创造新的市场机会(图 7 - 22,图 7 - 23)。

兴起于网络的扁平化设计风格已经影响到了很多产品的设计风格,并对产品设计提出了更高、更细的要求,而简单直接的交互界面、简约富有质感且注重人机效能的产品外观将给使用者带来更加直观而真实的使用体验。扁平化设计所倡导的简约、清晰、直接的设计理念逐渐被人

们所接受,在提倡绿色、低碳、高效、人性化设计的今天,这也许就是我们探讨扁平化设计的意义所在。

图 7 - 22

图 7 - 23

7.4 服务设计理念

7.4.1 服务设计的概念与基本策略

"服务设计"的理念最早来源于管理学与市场营销学领域,起初来自美国服务管理学专家肖斯丹克(G. Lynn Shostack),她的主要观点是:"通过'设计'的手段来对服务模式进行规划。"而当下设计语境当中的"服务设计"(Service Design)首次出现于 1991 年出现于比尔·霍林斯(Bill Hollins)教授的专著《全设计》(Total Design)一书中。2008 年国际设计研究协会(Board of International Research in Design)给服务设计下的定义是:"服务设计从客户的角度来设置服务,其目的是确保服务界面:从用户的角度来讲,有用、可用以及好用;从服务提供者来讲,有效、高效以及与众不同。"与一般设计不同的是服务设计提供的是整体解决方案,包括服务模式和产品体系,形成封闭的或开放的生态圈,提供各类物质或非物质产品。零点研究咨询集团董事长袁岳博士甚至提出了"工业设计的时代已经过去,服务设计的时代已经来临"的论断。

服务设计的基本策略主要包括:①多层次、多维度的信息获取、归纳与设计。全面考虑客户的心理、生理、行为、文化认知与环境因素,面向服务过程进行系统设计。多层次、多维度的信息获取确保客户潜在的需求不被忽略以及关键的设计信息被及时提取、归纳并通过重新设计加以展现。②设计流程的重塑。从以产品生成为目标转为服务投放为目标,设计流程也发生了质的变化,服务设计的流程包括:客户分析、制定服务的目标和战略、提出理念、服务测试、详细设计、服务投放。③服务情景的构建与体验。服务设计作为一项系统工程,构建的对象不仅包括物质设计,如流程、架构、制度等"非物质"设计也成为重要的组成部分。通过服务情景的构建可以准确判断服务发生的接触点,创造真实的服务体验,从时间到空间充分检验服务设计的可靠性与合理性。

7.4.2 服务设计的理念在产品设计领域兴起的内因

服务设计的概念在产品设计领域的兴起绝不是偶然,尤其在世界范围内制造业转型升级的大背景下,面向产品的传统工业设计已经遇到了发展的瓶颈,面临转型的巨大压力。

1. 产品设计的同质化

产品的同质化现象早已成为共识,工业设计作为避免产品同质化的工具之一在产品设计领域被广泛采用。然而现今在传统产品领域,不论是工业产品还是日用产品,市场的竞争已经趋于白热化。从各类制造装备到交通工具再到家用电器甚至小到类似牙刷的日用品,每一个产品细分市场都存在着高强度的市场竞争,工业设计早已成为产品设计的必备要素,消费者也习惯了经过"设计"的产品。一般情况下,如果没有产品技术层面的重大突破,想通过工业设计拉开与其他厂商间的差距几乎不可能。于是在产品设计领域里产生了一种现象:"不同厂商的同类型产品设计的效果趋同:产品的功能技术、材质工艺甚至外观设计都很接近,很难给消费者带来的与众不同的使用体验,例如 iPhone6 与三星的 GALAXY S6 从工业设计的角度来看已经十分接近了。"

2. 产品边界的虚化

目前,从产品形式上看不仅有实体化的产品也有虚拟产品,比如 2015 新年让全国人民争抢不止、乐此不疲的电子红包,正是腾讯和阿里巴巴精心设计的、用于粘连有效用户的虚拟产品。产品从本质而言是指能够提供给市场,被人们使用和消费,并能满足人们某种需求的任何东西,包括有形的物品、无形的服务、组织、观念或它们的组合。因此可以认为产品就是一种服务,服务中也有产品作为媒介。例如从 iPod 开始,苹果从一家纯粹的产品销售型公司转型为以软、硬件产品为基础,网络为支撑平台的服务型公司,在精美的工业设计外壳下一步步通过服务获取利润。其转变过程基本可以概括如下:通过 iPod 为用户提供下载正版音乐的服务,并使用户建立起网络消费的习惯,随后将 iPhone、iPad 等硬件产品作为其网络在线商店的搭载平台,提供付费式软件、影音下载服务,构成了以服务为核心的产品生态系统。

3. 工业设计内涵与外延的扩展

工业设计是工业时代的产物,随着工业的不断升级,工业设计的角色也在不断发生变化,其内涵与外延也在不断扩展,工业设计的应用层次也在不断加码。由初级的产品造型设计逐渐提升为以产品研究为基础的综合性设计再到以产品创新为目的集成式设计,目前正处于由产品创新设计到服务设计的过渡阶段。企业对产品的认知由"产品是利润来源""服务是为销售产品"向今天"产品(包括物质产品和非物质产品)是提供服务的平台""服务是获取利润的主要来源"转变。2006 年国际工业设计协会理事会(ICSID)在关于设计的定义中提出:"设计是一种创造性的活动,其目的是为物品、过程、服务以及它们在整个生命周期中构成的系统建立多方面的品质。其重点就是将设计的重点由物转向系统与过程,由产品转向服务。"

7.4.3 基于服务设计理念的工业设计思维

虽然工业设计的应用具有多层次性,但并不是所有的产品设计都需要很高层次的设计创新,即使最基本的产品外观设计需求量依然很大。而服务设计是一个综合性、系统性很强的设计模式,需要广泛的资源作为基础,因此在现阶段能够系统地进行服务设计的项目并不多,主要包括一些由政府主导的公共系统设计项目或是由一些国际性大公司如 IBM、苹果等企业主导的战略性设计项目。虽然从操作层面上来说很多项目暂时不具备完全实施服务设计的条件,但在工业设计的过程中运用服务设计的理念与方法,可以帮助我们进行"有效"的设计活动。服务设计的理念至少在以下三个方面能够帮助工业设计实现自我突破。

1. 由凸显产品特性转向符合用户的特性

曾几何时工业设计逐渐担负了凸显产品特性、塑造产品形式特征的责任，由"以人为中心"俨然转变为"以吸引眼球为中心"。层出不穷的形式创新给用户带来的往往是感官的刺激而并非使用体验的提升，并未给用户创造真正的价值。创造与众不同的产品从来不是工业设计的根本目的，服务设计理念的引入如同醍醐灌顶，促使我们回归到工业设计的本质，进一步明确了设计的目标是为了改善人们在日常工作、生活中的行为方式，协调与解决人—机—环境系统中出现的问题。例如随着移动网络的普及，人们对笔记本电脑的娱乐、交互功能的需求不断增强，虽然9英寸的超薄笔记本电脑已经足够小巧，但从使用、便携的角度并不十分便利，触屏技术的出现也使得物理键盘区的设置显得无足轻重。苹果公司从笔记本的用途和人们对电脑使用行为的转变出发，准确地预见到市场的需求："一部足够便宜，而且抛弃键盘的手提电脑。"2010 年苹果推出了iPad 平板电脑，市场的热烈回应印证了苹果的正确判断。从严格意义上来说 iPad 是一次工业设计的创新，与苹果其他产品一样，是苹果对人们日常生活、工作的行为方式进行充分研究的结果。

2. 由满足显性需求转向发掘隐性需求，由满足用户需求转向满足服务系统需求

传统工业设计发现的用户需求较为显性，主要围绕目标用户寻找与发现设计需求，而服务设计的主要方法包括 IHIP、PPS、顾客体验、服务接触点及服务蓝图等几种方式，除 PPS 外都与创建体验环境、发掘服务需求有关，这种通过模拟用户与体验环境的交互过程的模式有利于发掘隐性的设计需求。同时服务设计需要将设计的工作置于系统的背景，涉及的对象不仅包括用户还包括管理、运营、维护等多方面人员，有利于满足服务系统的需求。例如美国著名的 IDEO设计公司曾经为西班牙对外银行重新定义了自助银行服务的概念。传统的自助设备 ATM 的使用体验有待提高，比如站在自动柜员机前，总是担心后方等待的人；密码键盘上的防偷窥遮板使得自己更容易按错数字；完成操作后银行卡有时会忘记拔出等等。IDEO 为了获取真实的服务体验，建立了虚拟场景模拟客户自助服务的过程，通过不断观察、了解、体验客户的行为，掌握了客户在自助服务中所接触的关键点和经过的相关位置，从柜员机的布置形式、硬件组成到软件UI 设计，针对现有服务过程中体验不佳的要素进行改进，并且优化了系统管理与维护的接口，帮助银行为客户提供更好的自助金融服务体验(图 7 – 24)。

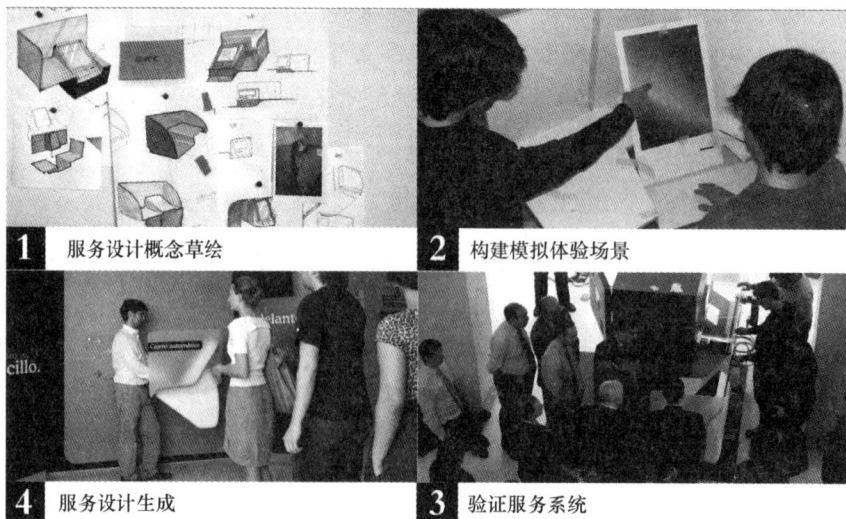

图 7 – 24

3. 设计背景由静态转向动态,由实现物理功能转向实现服务功能

在后工业时代,工业设计所要解决的问题由相对"静态"的产品转向了"动态"的系统,由实现或优化产品转向通过设计构建优质的服务体系,这是工业设计发展的必然,也是后工业社会对工业设计的基本要求。例如,在当下国内外流行的自行车租赁系统设计中就包含了大量的服务设计的内容,如①运营模式设计,包括租赁模式、系统维护、车辆调度、应急预案等;②产品设计,包括锁车系统、车辆设计、网点设计等;③软件终端设计,包括系统软件设计、应用 APP 设计等,其中的每一项设计都与服务功能的实现密切相关,要根据现实情境综合考虑,提出有利于服务系统的解决方案。比如租赁的方式,在英国伦敦想租自行车的市民可以用手机给服务中心发条短信就会收到开锁密码,可以在市内任何一个租车点租车;丹麦哥本哈根只要将 20 克朗硬币放进车链上的孔眼内,就可以解锁使用;而我国的大部分设置了自行车租赁系统的城市,大多采用了 IC 卡刷卡的形式,通过事先办理的充值 IC 卡,进行刷卡解锁。虽然从本质上看都是为了实现租赁使用自行车的有效举措,但服务方式有所不同,这就是综合考虑到国情、民情等因素的结果。

具有服务理念的设计思维洞见了设计与创新的本质,即为个体以及人类群体的可持续发展而进行价值创新。从产品到服务,这种将工业设计与服务设计理念进行整合的设计实践模式,是体验经济时代下工业设计实践重要方向之一。

第8章
工业产品设计案例

8.1 工业产品设计经典案例

8.1.1 案例(一)瑞士军刀

1884年,维氏的创始人卡尔·埃尔森纳在瑞士施夫州小镇伊巴赫开办了自己的刀具工场。1891年,该厂的产品第一次被发往瑞士军队,瑞士军刀从此走上历史舞台。百年之后,简约、方便、耐用的军刀已经同钟表、巧克力和奶酪一样,变成瑞士的骄傲。坚持瑞士本土制造与吸收意见不断创新,保证了瑞士军刀经得起时代变迁,凭借一流的品质与全面的性能受到世界各国人们的喜爱。维氏公司现任首席执行官小卡尔·埃尔森纳说:瑞士军刀的成功在于:坚持本土制造的瑞士品质,并依靠科技开发新功能。

瑞士军刀的主要特点如下:

(1)实用。实用是瑞士军刀的基本价值,在军队里它主要用于野战露营及兵器的保养和维修;在日常生活中由于其多用途而应用到各个方面,如旅行、登山、垂钓、汽车及自行车修理、潜水及航模运动等。在一把小型刀具上赋予了许多的实用小工具,解决了人们在日常工作及生活中的种种难题。最早的瑞士军刀手柄为木制,附加工具只有螺丝刀和罐头刀两种。1897年,埃尔森纳发明了新的刀片弹簧,瑞士军刀的附加工具随之增多。功能最全的军刀"瑞士冠军"(图8-1,图8-2)有大小刀片、酒瓶钻、罐头刀、螺丝刀、钻孔锥、钥匙圈、镊子、牙签、剪刀、多用途钩、木锯、指甲锉、钢锉、钢锯、钳子、钢丝钳、电线钳、放大镜、圆珠笔、大头针等33种工具。这一长9.1cm、宽2.6cm、厚3.3cm、重185g的"迷你工具箱"因而作为"世界设计经典",被纽约现代艺术博物馆、慕尼黑应用艺术博物馆收藏。

(2)品质一流。瑞士军刀的品质可以用三个词来形容:锋利、结实、耐用。瑞士手表的品质是世界一流的,同样,这个民族以他们的聪明才智和精益求精的精神创造了人类刀具史上的奇迹。"9·11"事件后,全球交通运输业对刀具实行严格管制,瑞士军刀的市场销售受到打击。小卡尔·埃尔森纳说:"我们也考虑过在海外建厂扩展规模,但为保证瑞士军刀一贯品质,最终放弃了这个计划,大家心中一直把军刀同瑞士紧密联系在一起,坚持本土制造有利于保证纯正的瑞士品质。"最终产品销量依然稳步上升,没有受到该事件的影响。历经百年,维氏公司仍然守在自己的诞生地,以每天2.8万把的产量生产军刀。精心的制造保证了瑞士军刀数十年的使用寿命(图8-3~图8-6),由此产生了维氏公司广告语:"瑞士军刀,一生相伴。"

图 8-1

图 8-2

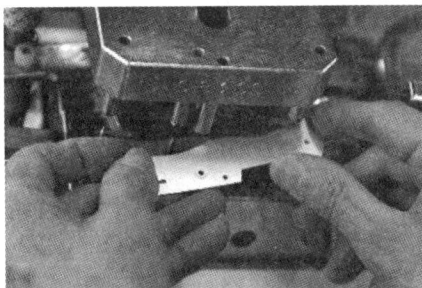

图 8-3

图 8-4

图 8-5

图 8-6

（3）坚持创新。在应对市场变化方面，这个百年品牌也有自己的妙方。"关注消费者需求是维持自身吸引力的保证"小卡尔·埃尔森纳说，"热心的消费者给我们写信、发邮件，分享自己使用军刀的心得并给我们提出建议。公司根据建议进行研发，为军刀添加新功能。"经过不断创新，今天的瑞士军刀已超越简单"工具箱"的功能，与"高科技"接轨，军刀上有了车库遥控器、U 盘等。

（4）坚持技术与艺术的结合。经过一百多年的发展和创新，坚持技术与艺术的结合，瑞士军刀从比较单一的品种发展成为近 250 种工具组合的现代实用生活品；从简单工艺的制作发展到高技术含量的精密工艺；从单一的生活用品发展成为具有文化价值的艺术品、收藏品及国际礼品。

8.1.2 案例(二)易拉罐

作为世界上应用最广泛的容器,易拉罐(图8-7,图8-8)入选工业设计经典设计当之无愧。20世纪30年代,易拉罐在美国成功研发并生产,由罐身、顶盖和底罐三片马口铁材料制成。目前常用的铝制饮料罐只由罐身片材和罐盖片材组成,这种深冲拉罐诞生于1959年,由设计师艾马尔·弗雷兹改进设计,即用罐盖本身的材料经加工形成一个铆钉,外套上一拉环再铆紧,配以相适应的刻痕而成为一个完整的罐盖。铝制易拉罐发展非常迅速,到20世纪末,每年的消费量已有1800多亿只,用于制造铝罐的铝材消费量同样快速增长,1963年还近乎于零,1997年已达360万t,相当于全球各种铝材总用量的15%。很多国家特别是发达国家,金属罐的回收再利用率也不断增高。比如美国铝罐的回收再利用率,早在20世纪80年代就已超过50%,在2000年已经达到了62.1%。日本铝罐的回收再利用率也非常高,在2001年达到了83%。易拉罐特别符合当下生态设计的要求。

图8-7

图8-8

8.1.3 案例(三)iPod

2007年4月9日,苹果公司正式对外宣布,其最为得意的作品——iPod播放器(图8-9,图8-10)全球累计销售量突破1亿台。相比其他多功能播放器来说,iPod的功能算不上出类拔萃,可iPod却凭借其创新的运营模式和优秀的工业设计成为了全球音乐播放器中无可争议的霸主,全球占有率达到了70%。iPod的每一代产品,都为我们带来了无数经典作品,一次次地为我们带来绝美的视觉享受(图8-11,图8-12)。

图8-9

图8-10

图 8 - 11　　　　　　　　　　　　　　　图 8 - 12

第一代 iPod 的推出在当时引起了轰动,它不但漂亮,而且拥有独特和人性化的操作方式以及巨大的容量,iPod 为 MP3 播放器带来了全新的思路,装备了苹果称为 Scroll - Wheel 的选曲盘,只需一个大拇指就能进行并完成机械操作,配合 Mac 操作系统上的 iTunes 进行管理,这在当时是相当先进的设计,再加上 iPod 与众不同的外观设计,让它成为 Apple 打造的又一个神话。此后市场上类似的产品层出不穷,但 iPod 依然因为它的独特风格而一直受到追捧。

8.2　工业产品设计优秀案例

8.2.1　案例(一)2008 年北京奥运会火炬

火炬是奥林匹克圣火的载体,从 1936 年柏林奥运会开始,每届奥运会都诞生一支体现主办国家文化特色并符合高科技要求的火炬最终成为奥林匹克运动的重要遗产。2008 年北京奥运会"祥云火炬"(图 8 - 13 ~ 图 8 - 15)创意设计是优秀的工业设计案例之一,由联想集团创新设计中心设计负责。

图 8 - 13　　　　　　　　　　　　　　　图 8 - 14

祥云是具有代表性的中国文化符号,其文化概念在中国具有上千年的时间跨度。祥云是古代汉族吉祥云纹,云为自然界中常见景象被赋予祥瑞的文化含义,故有此名。火炬造型的设计灵感来自中国传统的纸卷轴。纸是中国四大发明之一,通过丝绸之路传到西方。人类文明随着纸的出现得以传播。源于汉代的漆红色在火炬上的运用使之明显区别于往届奥运会火炬设计,红银对比的色彩产生醒目的视觉效果,有利于各种形式的媒体传播。火炬上下比例均匀分割,祥云图案和立体浮雕式的工艺设计使整个火炬高雅华丽、内涵厚重。

高触感塑胶漆　铝合金材质　云纹图　奥运标志　出火口

图 8 – 15

火炬全长 72cm,重 985g;燃烧时间 15min,燃料为丙烷,符合环保要求;零风速下火焰高度 25~30cm,符合安全要求;使用锥体曲面异型一次成型技术和铝材腐蚀、着色技术;外形材料为可回收环保材料。

8.2.2　案例(二)本田 S660 跑车

为了鼓励低碳环保,日本特别制定了 K – CAR 的特别政策。K – CAR 在日本语中是轻型车的意思,对此有明确的车身尺寸与发动机排量的限制,长宽高不能超过 3400mm: 1480mm: 2000mm,排量不能超过 0.66L。在日本买私家车需要先有车位证明,而 K – CAR 则没有这个要求,并且还享有部分税费减免的政策。通常 K – CAR 主要包括轿车、SUV、MPV 等车型,而本田汽车公司决定基于 K – CAR 的要求打造一款平民风的跑车,于是新款 S660(图 8 – 16)孕育而生。S660 在本田的车系里是一款颇有来头的车型,继承了本田的运动精神,视作向 1962 年发布的 Sport 360(图 8 – 17)致敬之作。

图 8 – 16

图 8 – 17

S660 的前任是 BEAT,也是一款平民跑车的代表,而负责 S660 的开发者是年仅 26 岁的椋本陵(图 8 – 18)。椋本是 2007 年高中毕业后进入本田的。在进入本田第四年的 2011 年,年仅 22 岁的他就当上了 S660 的开发负责人,因为在本田技术研究所为纪念创立 50 周年而实施的内部方案征集中,椋本的轻型跑车策划案(图 8 – 19)获得了最优秀奖。日本作为发达国家,汽车市场十分成熟,但由于交通资源有限,汽车的使用成本(包括购买、燃油、泊车等费用)比较高,因此日本的年轻人购买汽车的意愿比较低,更愿意依靠如公共汽车、地铁等在内的现代交通出行。在"年轻人离开汽车"的担忧中,让作为当事者的年轻人来负责跑车的开发,其意义重大。轻型敞篷车市场不大,比起为销售额做贡献,S660 更重要的作用是提高本田品牌的价值,扩大用户范围。在这方面,吸引年轻一代尤为重要,而开发负责人为同年代的年轻人这一点,似乎可以增加年轻人对 S660 的兴趣。

图 8 - 18

图 8 - 19

椋本以公司内部公开募集的年轻员工为中心组建了设计开发团队,在设计的定位上得出的结论是打造"并非要在赛道上争分夺秒的车型,而是可在普通车道上享受驾驶乐趣的跑车"。S660 主要设计特色是:①低矮的跑车车身设计。除了高度因为跑车造型采用低矮的设计外,长和宽都是紧卡 K - CAR 法规;②炫酷的车尾设计。车尾的设计丝毫不输百万级跑车的气势,恰如其分地突出了跑车的特点(图 8 - 20);③手动可拆卸的软顶敞篷(图 8 - 21)。顶蓬为卷曲式铝合金骨架软顶,整个顶蓬组装或拆卸用时仅需 20 秒,不用时顶蓬可放在车头箱(图 8 - 22)。一但出现事故,车顶蓬会自动向上弹出方便驾驶员逃生;④特殊设计的空调出风口,保证车辆在敞篷状态下也能够享受空调系统(图 8 - 23);⑤发动机声效系统。"Sound of Honda"是一款APP 应用,内含多款性能车的声浪,通过汽车音响模拟出各种性能车的引擎声;⑥丰富而实用的储物空间。可以看出 S660 是一款富有驾驶乐趣的平民化小跑车,充分展现了本田的设计意图,该车型一上市就处于供不应求的状态。

图 8 - 20

图 8 - 21

图 8 - 22

图 8 - 23

8.2.3 案例(三)康宁 OXO 削皮刀

美国 OXO 公司生产的家庭用品一向都是消费者眼中的王牌产品,OXO 公司一直也是美国人引以为傲的颇具创意的公司,OXO 的公司起步源于一把小小的削皮刀(图 8 - 24),有一次山姆·法伯(Sam Farber)先生与妻子贝特西(Bstsey)一起在家做晚饭,太太正在做一个苹果派,她抱怨说削皮刀弄伤了她的手。他的太太患有关节炎,无法拿稳削皮刀,山姆·法伯(Sam Farber)试图帮助她的时候也被划伤了,显然那只削皮刀是一个没有经过认真设计的产品。因此山姆·法伯(Sam Farber)打电话给他的好友,美国 Smart Design 的创始人兼 CEO 达文·斯托威尔(Davin Stowell),看看如何能够改进这个产品,让所有关节炎患者都可以使用,这样任何人就都可以很好地使用了。

图 8 - 24

在设计的时候,智能设计公司的设计团队希望将削皮刀的把手做得粗大一些,就像儿童用的蜡笔那样,更容易抓握,尤其对那些手有功能性障碍的人来说更是如此,他们需要更大一些的握把,更易于握持、需要更小的抓握力量(图 8 - 25)。因此他们围绕把手的形状与尺寸作了大量的研究工作(图 8 - 26),最后得到了一个把手尺寸,一个适应所有人的尺寸。他们找到了一个橡胶包裹的自行车把手,将削皮刀安装在上面,形成了设计的雏形(图 8 - 27,图 8 - 28)。随后经历了反复的改进,完成了最终的设计。OXO 削皮刀上市以后,尽管其售价是同类产品的五六倍,但依然很畅销,结果表明只要有独特的功能和足够多的"好处",即使价格高一些,客户还是愿意接受的。

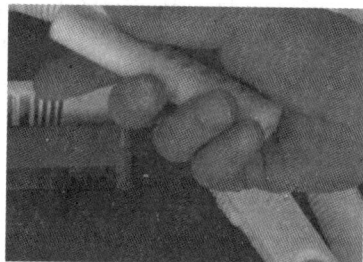

图 8 - 25

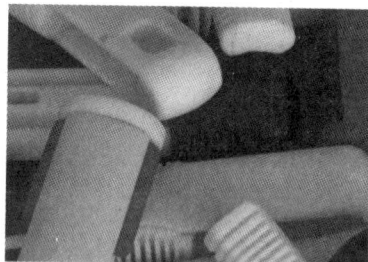

图 8 - 26

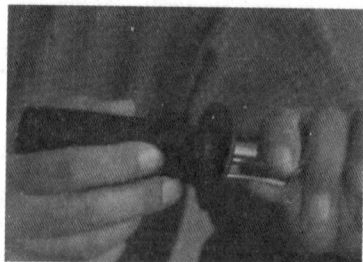

图 8 - 27

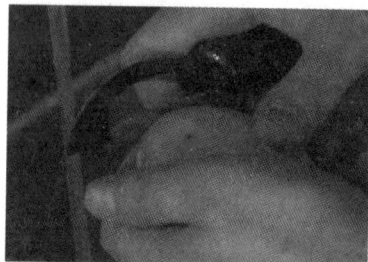

图 8 - 28

我们可以从以下两个方面来分析这款抓握舒适不易滑落的、有吸引力的 OXO 削皮刀成功的原因：

（1）具有社会、经济以及技术方面三重优势。①从社会性的角度来说，该设计更加明显地意识到了身体弱势人群的需求；符合通用设计的要求；符合美国残疾人协会以及职业健康与安全管理法规方面的要求；美国 65 岁以上老年人口比例在增加；越来越多的人在家备制食品。②从经济的角度来说，老年人拥有可自由支配的收入，支付能力强；日常用品消费呈增加的趋势；子女为父母购买辅助器材的情况变多；人们越来越重视小众市场。③从技术角度来说，采用了氯丁二烯橡胶作为把手的材料，既柔软又能产生足够的摩擦力，抓握舒适。

（2）设计本身优点突出，产品每一个部分从人机工程学、美学及加工的角度看都是可圈可点的，如图 8-29 所示。

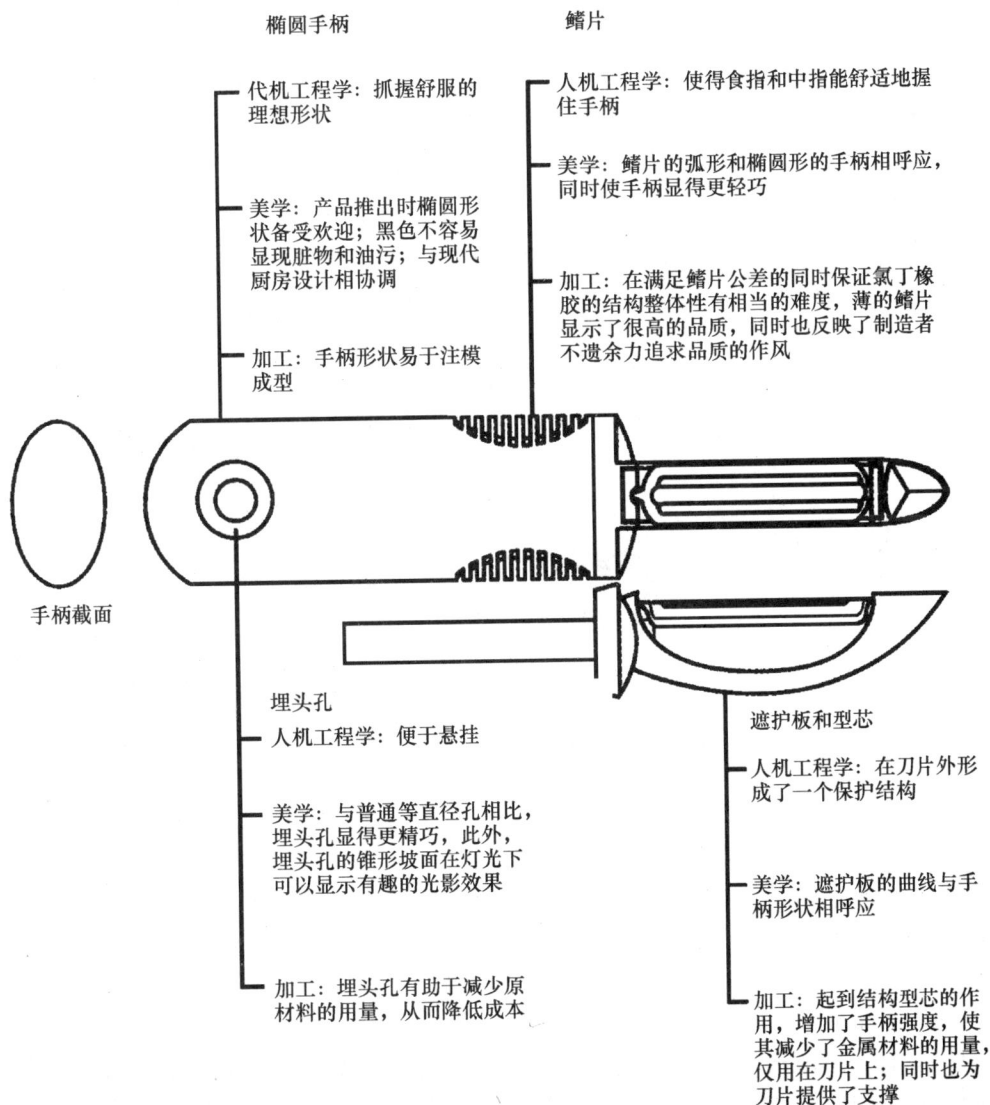

椭圆手柄

代机工程学：抓握舒服的理想形状

美学：产品推出时椭圆形状备受欢迎；黑色不容易显现脏物和油污；与现代厨房设计相协调

加工：手柄形状易于注模成型

手柄截面

鳍片

人机工程学：使得食指和中指能舒适地握住手柄

美学：鳍片的弧形和椭圆形的手柄相呼应，同时使手柄显得更轻巧

加工：在满足鳍片公差的同时保证氯丁橡胶的结构整体性有相当的难度，薄的鳍片显示了很高的品质，同时也反映了制造者不遗余力追求品质的作风

埋头孔

人机工程学：便于悬挂

美学：与普通等直径孔相比，埋头孔显得更精巧，此外，埋头孔的锥形坡面在灯光下可以显示有趣的光影效果

加工：埋头孔有助于减少原材料的用量，从而降低成本

遮护板和型芯

人机工程学：在刀片外形成了一个保护结构

美学：遮护板的曲线与手柄形状相呼应

加工：起到结构型芯的作用，增加了手柄强度，使其减少了金属材料的用量，仅用在刀片上；同时也为刀片提供了支撑

图 8-29

8.3 工业产品设计实例

8.3.1 案例(一)无线路由器工业设计

客户：东南大学信息安全研究中心。项目完成者:南京欧爱工业设计团队。

1. 明确设计内容

当与客户达成合作意向后,通过与客户的沟通,了解到设计本次工业设计所应实现的目标,即设计一款办公用立式路由器。

2. 确定产品主要内部模块

根据客户提供的产品电路图,分析产品的功能实现原理,了解结构的变化幅度,确定产品的限制条件和设计重点。

3. 竞争对手产品市场调研

设计调研是设计师设计展开中的必备步骤,设计师必须了解产品的销售状况,所处生命周期的阶段,产品的竞争者如图8-30的状况,使用者和销售商对产品的意见。这些都是设计定位和设计创造的依据。对于像路由器这类产品,设计难度主要集中于外观的悦目性和形态定位的准确性上,需要通过缩短设计周期来抓住变幻莫测的消费市场。

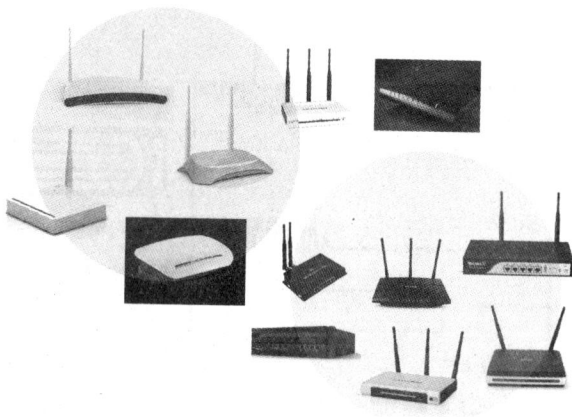

图8-30

4. 与客户商定产品粗略结构排布

通过调研结合客户诉求,将产品的概念进行定位于适合商业、办公场所使用的立式路由器。随后与客户确定产品的粗略结构排布,分析技术的可行性、成本预算,确保基本构思与客户一致。

5. 构思产品草图

构思草图阶段的工作将决定产品设计70%的成本和产品设计的效果。所以这一阶段是整个产品设计最为重要的阶段。通过思考形成创意,并加以快速的记录。设计初期阶段的想法常表现为一种即时闪现的灵感,缺少精确尺寸信息和几何信息。基于设计人员的构思,通过草图勾画方式记录,绘制各种形态同时记录下设计信息,确定3或4个方向再进行深入设计(图8-31)。

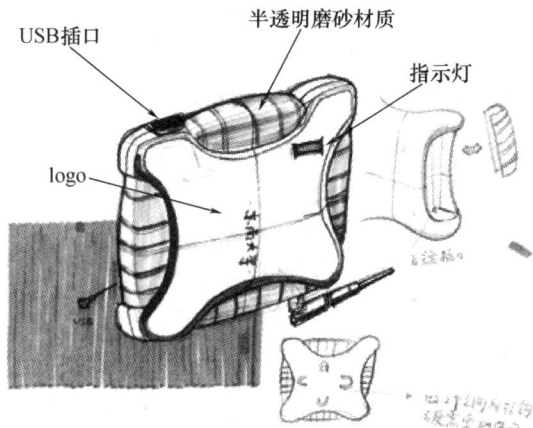

图 8 - 31

6. 完成产品平面效果图

平面效果图可以将草图中模糊的设计确定化、精确化。这个过程可以通过矢量绘图软件来完成。通过这个环节生成精确的产品外观平面设计图,既可以清晰地向客户展示产品的尺寸和大致的体量感,又可以表达产品的材质和光影关系,是设计效果更加直观和完善的快速表达(图 8 - 32)。

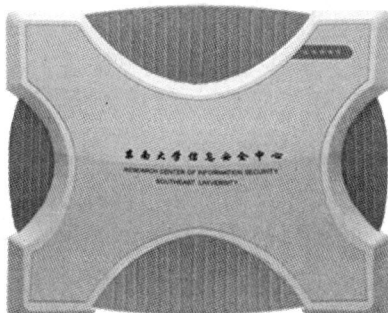

图 8 - 32

7. 三维效果图与草模制作

通过制作产品三维效果图(图 8 - 33)确认产品的造型,通过制作石膏草模(图 8 - 34)确认产品大小与比例。

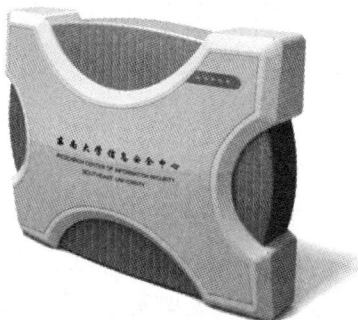

图 8 - 33

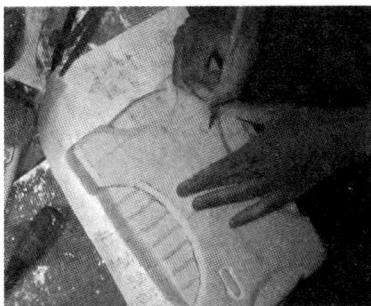

图 8 - 34

8. 结构设计与手板制作

根据工艺要求,绘制产品结构工程图(图8-35),并制作手板(图8-36)检验设计成果,检查产品的外观缺陷及装配的干涉情况,在开模具前整改到位。

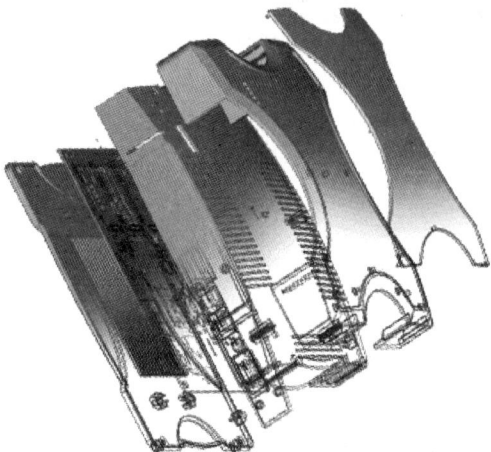

图8-35

图8-36

8.3.2 案例(二)数控机床产品概念研究与设计

客户:江苏锐成机械有限公司。项目完成者:南京银睿工业设计团队(以下简称银睿)。

1. 项目背景

江苏锐成机械有限公司(以下简称锐成)作为江苏省科技创新企业,自创立之初,即以赶超同行业世界先进企业为目标,锐意进取、厚积薄发。目前公司已拥有一支高素质的设计研发团队作为技术支持,可根据客户不同需求,量身定制各类机械设备。从海外引进了世界最先进的大型金属加工母机等高精尖加工中心作为设备支持,努力为用户提供最优质高效的产品与服务。2013年,锐成对所有产品进行形象统一,然而在新产品的风格定位上遇到了困惑,因此找到了银睿设计,希望帮助其进行产品工业设计研究并形成概念方案。

2. 基本调研

在前期设计研究工作中,银睿关注更多的是潮流趋势分析和用户需求分析,设计师访谈了来自北京、广州、上海等城市的经销商和用户,通过调研与对话,设计目标日益清晰。整个项目的研究对象为锐成机械系列机床,将产品定位为适合普通用户使用与操作的精良机械产品,在外观风格上力求简洁、协调,突出企业稳重、锐意进取的产品形象,同时符合大多数工作场景,力求与生产环境相协调,避免过分的视觉刺激。

3. 用户分析

明确产品使用者、采购者、维护者各自的诉求。①使用者:要求机床本身的精度高、稳定性好、生产率高。除了功能要素之外,需要设计师运用不同的形态、材质,帮助使用者获得更好的工作体验。②采购者:关注产品的档次和价格,追求性价比。采购者往往是购买产品的决策者。③维护者:数控机床精密设备的特点决定了其对维修人员的技术要求很高。易清洁、不易损伤是维护者关心的第一要素。

4. 造型研究

机械设备造型通常应具备以下美学特征:①能够显示优良的工作性能,表现现代科学技术水平的精确美;②能够反映科学技术材料结构,工艺及造型完美统一的材料美、结构美、工艺美;③能够适应结构特点和现代审美要求,体现时代性的比例美、线型美;④符合人们的生理、心理需要及人机工程学的形式美、色彩美、舒适美;⑤满足现代生产方式需要,便于标准化,具有规整美、简洁美。

机械设备造型主要分为两种形态:①方直形态。这类机械设备的形态多为直线辅以小圆角过渡,整体造型较为方正。直线给人以精致、严谨、统一有序和理性的感觉,符合这类机械设备高精度、高速度、高效率的功能特点。②圆润形态。这类机械设备多以曲面造型为主,面与面之间采用大圆角平滑相连,给人的整体印象是造型圆润、统一,线条流畅。

5. 设计风格确定

在前期研究的基础上,针对锐成机械的产品定位以及工艺特点,进行了产品造型的概念性设计,用以确立产品的基本造型特征:①整体设计以简洁的直面、直线造型为主,局部用圆弧过渡,给人以规整、均衡、庄重的感觉但富有变化(图 8 – 37,图 8 – 38);②注重造型的层次感,通过造型、色彩等多重手段增加、拓展视觉的层次;③适当增加局部装饰,标志说明别致、精细。

图 8 – 37

图 8 – 38

8.3.3　案例(三)永磁同步电机创新设计

客户:山西北方机械制造有限责任公司。项目完成者:南京理工大学工业设计中心。

山西北方机械制造有限责任公司旗下的"诺灵"品牌永磁同步电机为山西省在节能环保领域的重点项目。南京理工大学工业设计中心对"诺灵"永磁同步电机进行了产品形象的整体策划与工业设计,大胆采用具有标志性的产品造型与色彩搭配,并且将之运用于整个产品系列的设计,体现出该品牌电机运行稳定、体积小、重量轻、工作效率高等特点。

1. 企业原始产品分析

永磁同步电机生产厂家较少,属于具有专业用途的小众产品,原有的产品造型设计基本以功能诉求为主,基本没有考虑造型设计的问题,造型极为简单加上军绿色的涂装仿佛依然停留在 20 世纪七八十年代的设计水平,其形象与其领先的产品性能严重不符(图 8 – 39)。

图 8 - 39

2. 设计目标

根据企业对产品的希望,结合国内外产品的调研,设计团队决心打破常规,从视觉上打破人们对电机产品的固有印象,大胆创新,同时充分满足制造工艺的要求。

3. 概念方案手绘(见图 8 - 40)

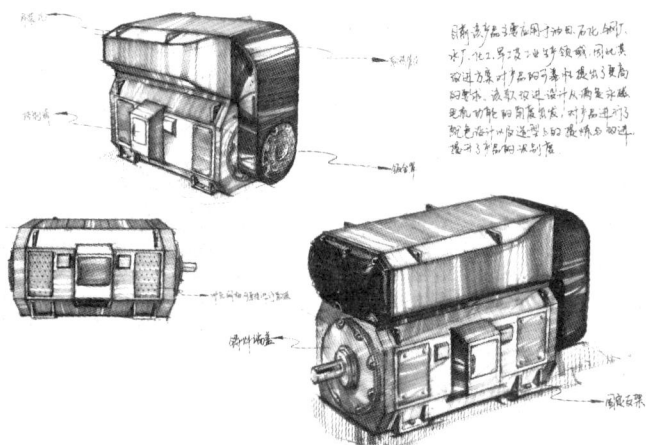

图 8 - 40

4. 概念方案三维效果图(见图 8 - 41)

图 8 - 41

5. 表面处理方案（见图 8 - 42）

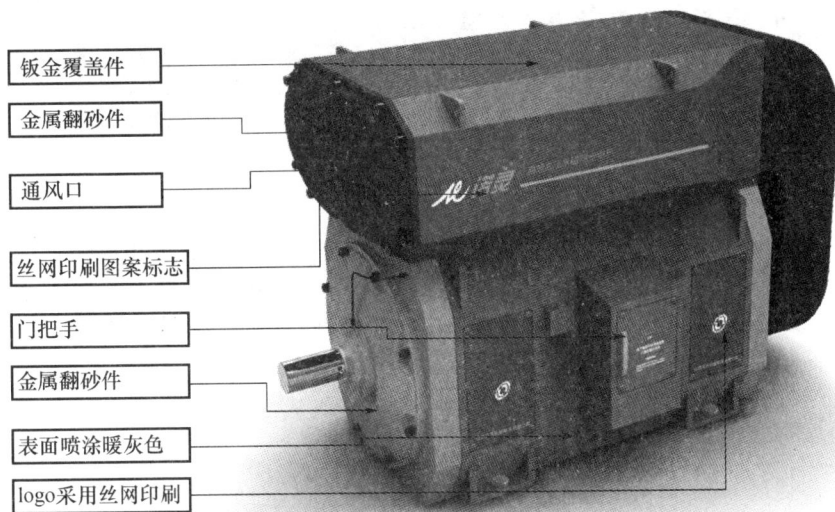

钣金覆盖件

金属翻砂件

通风口

丝网印刷图案标志

门把手

金属翻砂件

表面喷涂暖灰色

logo采用丝网印刷

图 8 - 42

6. 产品基本尺寸（见图 8 - 43）

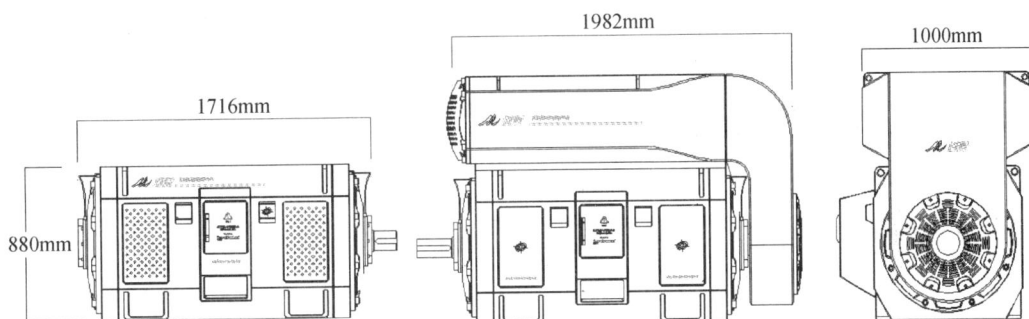

1716mm

880mm

1982mm

1000mm

图 8 - 43

7. 产品结构数模（见图 8 - 44）

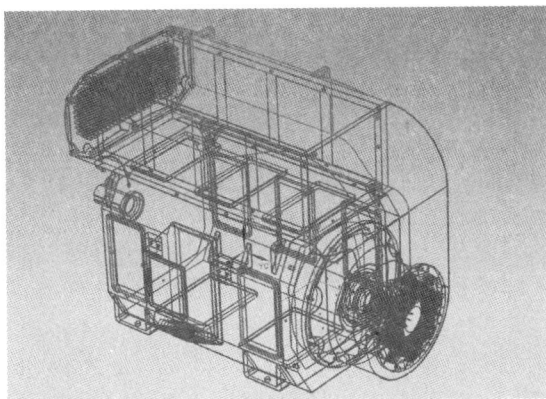

图 8 - 44

8. 产品表面丝网印刷方案（见图 8 – 45）

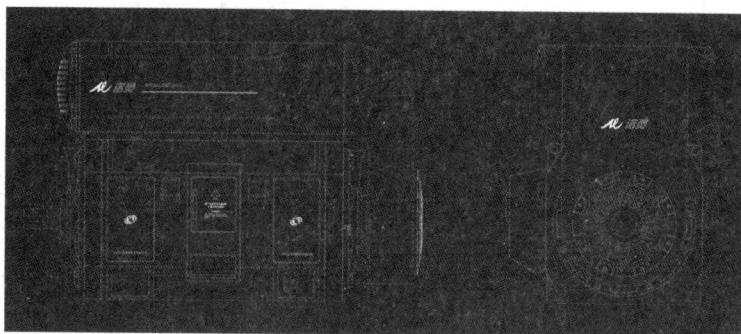

图 8 – 45

9. 产品等比钣金模型（见图 8 – 46 和图 8 – 47）

图 8 – 46

图 8 – 47

10. 奖项与荣誉

该项目获得 2013 年中国工业设计最高奖——红星奖（见图 8 – 48）。

图 8 – 48

参 考 文 献

[1] (美)恰安,等. 创造突破性产品(从产品策略到项目定案的创新)[M]. 辛向阳、潘龙,译. 北京:机械工业出版社,2004.

[2] 张昆,宁芳. 产品形态设计[M]. 北京:机械工业出版社,2010.

[3] 张明,陈嘉嘉. 产品造型设计实务[M]. 南京:江苏美术出版社,2005.

[4] 张凌浩. 下一个产品 产品专题设计研究[M]. 南京:江苏美术出版社,2008.

[5] 刘永翔. 工业设计初步[M]. 北京:机械工业出版社,2011.

[6] 唐纳德·A·诺曼.设计心理学[M]. 北京:中信出版社,2011.

[7] 张锡. 设计材料与加工工艺[M]. 北京:化学工业出版社,2010.

[8] 何人可. 工业设计史[M]. 北京:北京理工大学出版社,2000.

[9] 郑子云. 设计的立场:扩展的服务设计观念[M]. 北京:中国轻工业出版社,2014.

[10] (美)汤姆·凯利,乔纳森·利特曼. 创新的艺术[M]. 北京:中信出版社,2010.

[11] 丁玉兰. 人机工程学[M]. 北京:北京理工大学出版社,2011.

[12] 李砚祖. 艺术设计概论[M]. 武汉:湖北美术出版社,2009.

[13] 肖世华. 工业设计教程[M]. 北京:中国建筑工业出版社,2007.

[14] 许喜华. 工业设计概论[M]. 北京:北京理工大学出版社,2008.

[15] 路甬祥. 创新中国设计 创造美好未来[N]. 人民日报,2012 - 01 - 04(14).

[16] 罗仕鉴. 服务设计[M]. 北京:机械工业出版社,2011.

[17] 赵平勇.设计色彩学[M]. 北京: 中国传媒大学出版社,2006.

[18] 王国胜. 设计范式的改变[C]. 设计驱动商业创新:2013 清华国际设计管理大会论文集. 北京:北京理工大学出版社,2013.

[19] (美)Alan Cooper. 交互设计之路——让高科技产品回归人性(第二版)[M]. 北京:电子工业出版社,2006.

[20] 靳敏. 产品生态设计现状和发展趋势[J]. 家电科技 . 2009.

[21] 陈文龙. 产品设计流程实例说明[EB/OL]. http://emuch. net/fanwen/56/3162. html.

[22] 马宁. 国内工业设计的现状分析及对策研究[J]. 艺术空间,2010.

[23] 羽量级本田魂 本田 S660 的平民跑车梦想[EB/OL]. http://auto. msn. com. cn/auto_guide /20150514/1796717. shtml

[24] 产品文化设计四要素[EB/OL]. http://b. chinaname. cn/article/2009 - 12/6751. htm

图 3 – 31

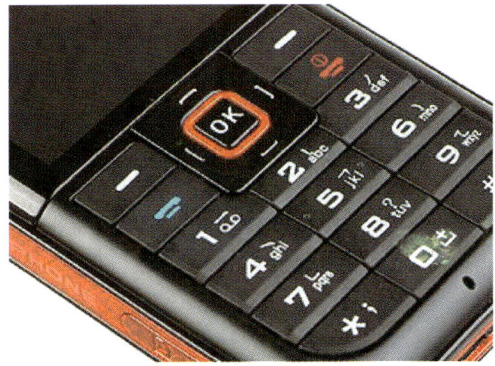

图 3 – 32

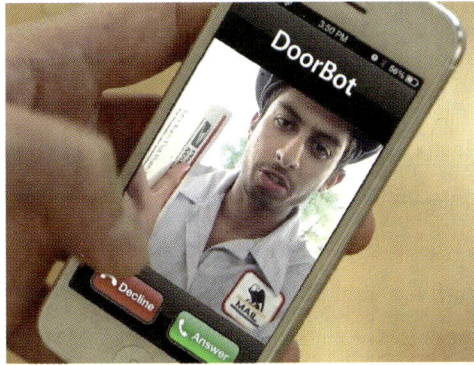

图 3 – 33

图 3 – 34

图 3 – 39

图 3 – 40

图 3 – 41

图 3 – 42

图 3 – 50

图 3 – 51

图 3 – 52

图 3 – 53